低卡飽足
瘦身沙拉

薩巴蒂娜——主編

美味減脂．
瘦身零壓力！

一盤輕鬆的時光

有時候，我蠻喜歡一頓精緻的晚餐，用很多做法複雜的食材，天上飛的，水裡游的，認真做上半天，在桌子上擺滿了盤子，與家人朋友們觥籌交錯，大快朵頤，相伴的時光十分溫暖且令人留戀。

但更多時候，回到家裡，帶著一絲工作後的疲憊，我只想吃點簡單清爽的東西。因為，我懶得動腦做複雜的大餐，甚至懶得選購食材，只想用冰箱裡現有的東西，過一個簡單的晚上。

沙拉輕食餐，便是最好的選擇。

洗淨蔬菜、瓜果與肉類等食材，有的燙熟，有的直接生切，拌入提前做好的沙拉醬，拿一個最喜歡的大碗，做一盤低卡又飽足的沙拉。用一本書，幾首新歌，或一部好電影，無論看過還是沒看過，都可以度過愉悅的一個小時。

吃完就只需洗一個碗、一支叉子，廚房沒有油煙，身體也更加沒有負擔，享受美味又不怕胖。

簡單就是寵愛，是的，我超級喜歡這樣。

薩巴小傳：本名高欣茹。薩巴蒂娜是當時出道寫美食書時用的筆名。曾主編過五十多本暢銷美食圖書。

初步了解全書

＊如果想要吃得健康又營養，卻不想在口味上做妥協，那麼不妨試試沙拉！蔬菜與水果，是清新健康的美妙組合，在沙拉的世界中，蔬果是絕佳搭配，更是令人無法抗拒的存在。

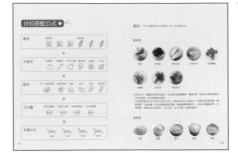

＊在製作沙拉醬汁之前，我們先提供一個沙拉搭配公式，利用這個方法，你可以根據自己的口味喜好和想像力，變化出千百種美味沙拉。

＊想做美味沙拉，必須先掌握清洗蔬果的訣竅，再加上沙拉醬的製作方法，看完這部分，相信你已經準備好製作沙拉了。

＊食譜部分按照功能來分類，分為纖體輕鬆瘦、美白潤肌膚、滋補養容顏、活力維生素、高纖助排毒等章節，包含時下流行的健康概念，可以根據自己的身體情況進行選擇。

＊在食譜中，除了詳盡的步驟圖、營養說明外，還有參考熱量。食譜以2人份為標準，可以根據實際情況，進行食材量的增減。

本書的使用方式

教你美味沙拉的製作關鍵

輕食沙拉，做法超簡單，一試就上手！
只要切一切→淋一淋→拌一拌，三步驟就能輕鬆完成。
大量蔬菜，搭配肉類、海鮮或澱粉類食材，健康享瘦不挨餓。
滿足多變又挑剔的味蕾，簡單一盤吃出腰瘦好身材！

今天就做
這道菜！

標示一人份熱量
有助於飲食管理

需要的食材
都在這裡

牛排做主角
泰式牛排生菜沙拉

特色
這是一款以牛排為主角的沙拉，用酸辣的泰式調味料搭配大
量蔬菜，營養均衡，味道豐富；綜合做為主菜或便當。牛肉
富含蛋白質和纖維，選擇菲力牛排這塊較少油脂的部位，熱量更
低。

做法

❶ 將牛排撒上少許海鹽、黑胡椒碎、橄欖油，醃漬5分鐘。

❷ 平底鍋燒至冒煙，放入牛排，煎至自己喜歡的熟度。

❸ 取出牛排放在菜板上，靜置10分鐘。

❹ 羅馬生菜撕成適口的大小，洗淨，甩乾水分。

❺ 櫻桃番茄一切為二。

❻ 紅辣椒去籽切成圈；香茅取根部嫩心，斜切成薄片。

❼ 小黃瓜去心切成片。

❽ 將香茅片、青檸汁、紅蔥頭碎、香菜段、白砂糖、剩餘海鹽、橄欖油及黑胡椒碎混合成沙拉醬備用。

❾ 將生菜、番茄、小黃瓜和一半沙拉醬混合均勻，裝盤。

❿ 將牛排切片，疊在盤中，淋上剩下的沙拉醬即可。

熱量
225大卡/人份

材料（2人份）

菲力牛排	1塊（約200克）
羅馬生菜	1棵
小黃瓜	1根
櫻桃番茄	6顆
紅蔥頭碎	1湯匙
香菜段	10克
香茅	1枝
青檸汁	1湯匙
紅辣椒	1顆
橄欖油	1湯匙
白砂糖	1茶匙
海鹽	適量
黑胡椒碎	適量

美味關鍵

✱市售的牛排常見的有肋眼、丁骨、菲力等，建議選擇菲力，柔嫩且脂肪少，冷食口感佳，因為肉質較瘦，不適合熟度過高，五分熟就非常適合這道沙拉。

✱小黃瓜建議去籽去心，心部水分充足，容易稀釋調味料的味道；將小黃瓜豎著一切為二，用勺子刮去內瓤即可。

052

053

清楚說明食材
營養與功效

一目了然的
步驟圖

讓沙拉更加
好吃的祕訣

目 錄
CONTENTS

容量對照表

1茶匙固體調味料＝5克	1茶匙液體調味料＝5毫升
1/2茶匙固體調味料＝2.5克	1/2茶匙液體調味料＝2.5毫升
1湯匙固體調味料＝15克	1湯匙液體調味料＝15毫升

CHAPTER 1
纖體輕鬆瘦

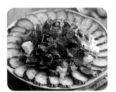

黃瓜薄荷優格沙拉
029

裙帶菜黃瓜章魚
沙拉
030

蒟蒻絲沙拉
032

芥末娃娃菜沙拉
034

水波蛋櫛瓜沙拉
036

韓式豆芽沙拉
038

杏仁豆角花椰菜
沙拉
040

蟹肉荷蘭豆
酪梨沙拉
042

海藻豆腐沙拉
044

石榴柑橘嫩菠菜
沙拉
045

石榴西洋梨
蘿莎綠沙拉
046

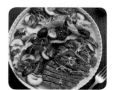

CHAPTER **3**
滋補養容顏

山核桃雞肉
華爾道夫沙拉

大麥仁綜合沙拉

味噌蜂蜜蘿蔔
沙拉

BLAT 沙拉

薄荷蘆筍豌豆
蠶豆沙拉

綠蔬薏仁沙拉

青醬蝦仁鷹嘴豆
沙拉

烤孢子甘藍番薯
沙拉

蘑菇薏仁沙拉

雞肉柑橘西芹
沙拉

杏仁大麥
烤菜花碎沙拉

開心果孢子甘藍
沙拉

沙拉搭配公式

基底	葉菜類			穀物類		

+

主食材	茄果類	根莖類	十字花科類	菌菇類	水果類	其他

+

配料	肉、水產&蛋類	堅果/乾果	豆類	起司	香草	芽苗菜

+

沙拉醬	基礎油醋醬	芝麻沙拉醬	柑橘油醋醬	日式油醋醬	……

=

各種沙拉				

基底：可以大量使用的沙拉基底，每人份100克左右。

葉菜類：

萵苣	紅萵苣	羅馬生菜	奶油生菜	菠菜嫩葉
芝麻葉	西洋菜	綜合生菜		

* 綜合生菜：兩種或多種生菜混合，可於超市或網路購買，選擇多樣，每家沙拉品牌都會有
  自己的搭配，您可以根據喜好選擇。
* 生菜按照栽培方式可分為水耕和土耕，市售的生菜以土耕為主，各種生菜差異明顯，纖
  維感重，口感清脆，但多有農藥殘留問題，建議選擇有機生菜；水耕生菜纖維感弱，口
  感柔嫩，各種生菜口感相似，水分充足，安全可靠，但價格較貴。

穀物類：

大麥	藜麥	薏仁	糙米	燕麥

主食材：沙拉的核心食材，選擇多，可根據喜好選擇烹飪方式，建議採用烘烤、蒸煮等較為健康的方式。

茄果類：番茄、小黃瓜、南瓜、櫛瓜、甜椒、茄子等
根莖類：番薯、紫薯、山藥、馬鈴薯、蓮藕、胡蘿蔔等
十字花科類：菜花、花椰菜、蘿蔔、櫻桃蘿蔔、高麗菜、紫甘藍、羽衣甘藍等
菌菇類：香菇、蘑菇、金針菇、杏鮑菇等
水果類：柳橙、葡萄柚、梨、草莓、樹莓、奇異桃、櫻桃、香蕉、酪梨等
其他：甜豆、荷蘭豆、玉米、洋蔥、豆腐等

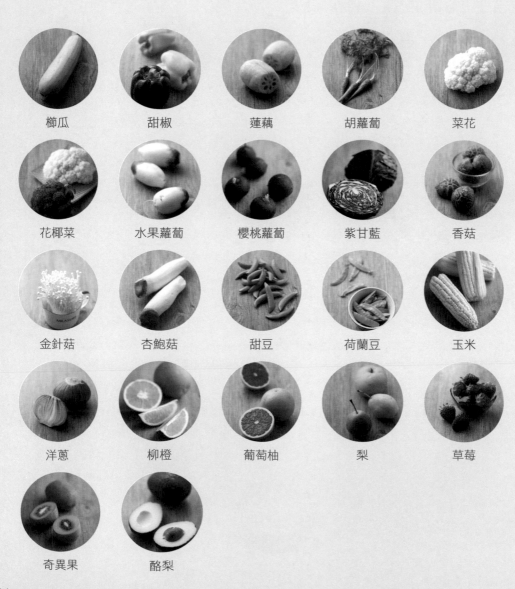

櫛瓜	甜椒	蓮藕	胡蘿蔔	菜花
花椰菜	水果蘿蔔	櫻桃蘿蔔	紫甘藍	香菇
金針菇	杏鮑菇	甜豆	荷蘭豆	玉米
洋蔥	柳橙	葡萄柚	梨	草莓
奇異果	酪梨			

配料：為沙拉提升風味。因為此類食材風味濃郁、營養價值與熱量都較高，建議酌情使用，選取1～3種，少量使用即可達到很好的效果。

肉、水產&蛋類：雞肉（雞腿、雞胸、雞里脊、燻雞胸）、牛肉（牛排、牛肉火腿）、火腿（義式生火腿、西班牙火腿、巴黎火腿）、金槍魚罐頭、蝦（基圍蝦、阿根廷紅蝦、甜蝦）、龍蝦、燻鮭魚、蛋（溏心蛋、白煮蛋、水波蛋）等

堅果/乾果：松子、核桃、山核桃、碧根果、橄欖、番茄乾等

豆類：腰豆、鷹嘴豆、小扁豆等

乳酪：帕馬森乾酪、菲達乳酪、大孔乳酪、藍紋乳酪等

香草：羅勒、歐芹、龍蒿、薄荷、蒔蘿、細葉芹等

芽苗菜：蘿蔔苗、苜蓿苗、香椿苗、甜菜苗、花椰菜苗、小麥草等

松子	核桃	山核桃	碧根果	橄欖
腰豆	鷹嘴豆	小扁豆	羅勒	歐芹
龍蒿	薄荷	蒔蘿	蘿蔔苗	香椿苗
甜菜苗	小麥草			

沙拉醬

　　許多人對沙拉的刻板印象，不外乎「難吃無趣」、「模特兒吃的食物」、「像在吃草」等誤解，實際上，沙拉可是一種非常有意思的食物呢！

　　沙拉大概是這個世界上最難被定義的一種菜色吧！既可以做為獨立的前菜與主菜，也可以是前菜與主菜的配菜，甚至還可以是甜品。可鹹可甜、可生可熟、可葷可素，從來不會簡單地把它當做一堆蔬菜而已。

　　Salad這個單詞很有意思，來源於拉丁語的sal（鹽），看似是毫無關係的片語。羅馬人用蔬菜簡單地沾一些鹽、油、醋混合而成的醬汁（相當於現代油醋醬的原型）食用。而Sauce（醬汁）這一單詞同樣來源於sal。油醋醬和沙拉可說是先人很早就發現的絕佳組合呢！油醋醬的酸味非常能襯托出沙拉的風味。

　　西餐是多門類科學融合的藝術，從最簡單的油醋醬也可以窺得一二。

　　油醋醬是一種非常傳統的西餐醬汁，也是最常見且最容易調配的乳化醬汁。油醋醬的標準比例是油醋成分比為3：1，這顆比例其實和蛋黃醬相似，但因為製作方式的差異，呈現出完全不同的質地。

　　蛋黃醬添加了蛋黃做為較為穩定的乳化劑，而油醋醬只是因為搖晃而取得的暫時性乳化液，這種油醋醬就是通常所說的「油包水」，所以需要在使用前用力搖晃，達到最佳的乳化狀態。現在也有很多「水包油」的沙拉醬，最常見的是進口超市裡那些乳白色卻自稱油醋醬的傢伙，這種油醋醬油脂的用量更少，酸味也較低，穩定性強，黏性強，也不容易使生菜瞬間萎縮，更加健康美味，自然也越來越受歡迎。但這種油醋醬多半由工廠、高級餐廳製作，還是最傳統的「油包水」更適合在家庭製作呢！

　　淋了油醋醬的沙拉在短時間就萎縮，剛開始以為是含有鹽分的緣故，後來發現完全是油脂在作祟。油脂會從葉面的蠟質角皮層滲入，散布在葉片內部，排開空氣，使得葉片結構崩塌，顏色變深。所以淋油醋醬的沙拉一定要拌好馬上吃，或在吃的時候再淋在沙拉上。

基礎油醋醬

特色

僅使用油和醋的基礎油醋醬，也是製作各式油醋醬的基礎，重點是一定要選用優質的油和醋。推薦使用紅葡萄酒醋和白葡萄酒醋。

熱量

1湯匙（15克）：110大卡

材料

葡萄酒醋	40 毫升
橄欖油	120 毫升
鹽	少許
胡椒	少許

做法

❶ 將所有材料放入密封的玻璃罐中，用力搖晃使其混合均勻，充分乳化。

❷ 可冷藏保存1週。由於沒有使用乳化劑，這款沙拉醬非常容易分層，請在食用前充分混合均勻。

巴薩米克
橄欖油醋醬

特色

重點是一定要使用風味濃醇的優質巴薩米克醋，適合搭配火腿和水果，常用於義式以及地中海地區的沙拉中。

熱量

1湯匙（15克）：110大卡

材料

巴薩米克醋	40毫升
特級初榨橄欖油	120毫升
鹽	少許
黑胡椒碎	少許

做法

❶ 將所有材料放入密封的玻璃罐中，用力搖晃使其混合均勻，充分乳化。

❷ 可冷藏保存1週。由於沒有使用乳化劑，這款沙拉醬非常容易分層，請在食用前充分混合均勻。

特色

大量使用柑橘汁代替醋，柑橘的
清香會讓沙拉更爽口。

熱量

1湯匙（15克）：60大卡

材料

鮮榨橙汁	40毫升
植物油（玉米油、葵花籽油等無味冷榨油）	40毫升
白葡萄酒醋	40毫升
純淨水	40毫升
檸檬	2顆
青檸	1顆
流質蜂蜜	10毫升
鹽	少許
黑胡椒碎	少許

柑橘油醋醬

做法

❶ 將檸檬、青檸洗淨，分別擦
下少許皮屑留用。果肉擠汁。

❷ 將所有材料放入密封的玻璃
罐中（包括擦下的檸檬皮屑和
青檸皮屑），用力搖晃使其混
合均勻，充分乳化。

❸ 可冷藏保存1週。由於沒有
使用乳化劑，這款沙拉醬非常
容易分層，請在食用前充分混
合均勻。

日式油醋醬

特色

除了西式沙拉醬，日式沙拉醬也是非常值得一嘗的百搭醬汁。使用芝麻、生薑、醬油等更符合我們飲食習慣的調味品，口味接受度更高。也可添加細香蔥、紫蘇、鴨兒芹等天然香草提升風味。

熱量

1湯匙（15克）：90大卡

材料

植物油（玉米油、葵花籽油等無味冷榨油）	180毫升
穀物醋（蘋果醋等淡色醋也可）	70毫升
日本醬油	30毫升
香油	10毫升
生薑	1小塊
蒜	1瓣
白糖	15克
熟白芝麻	1湯匙
檸檬汁（增加香味，可省略）	少許
檸檬皮屑（增加香味，可省略）	少許
海鹽、黑胡椒碎	各適量

做法

❶ 將蒜壓成蓉，或剁成極細的末。

❷ 生薑去皮磨成蓉，或剁成極細的末。

❸ 將所有材料放入密封的玻璃罐中，用力搖晃使其混合均匀，充分乳化。

❹ 可冷藏保存1週。由於沒有使用乳化劑，這款沙拉醬非常容易分層，請在食用前充分混合均匀。

特色

濃厚醇香的芝麻氣息，非常適合
與蒸蔬菜搭配。

熱量

1湯匙（15克）：60大卡

材料

白芝麻	30克
日本醬油	25克
味醂	20克
白砂糖	15克
蘋果醋	20克
香油	10克
植物油	20克
蛋黃	1/2顆
太白粉	適量

芝麻沙拉醬

做法

❶ 芝麻放入鍋中充分炒出香
味。

❷ 用攪拌機將芝麻打碎。

❸ 將日本醬油、味醂、白砂
糖、蘋果醋、香油、植物油、
蛋黃放在小鍋裡煮開。

❹ 加入太白粉和打碎的芝麻，
充分攪拌均勻。

❺ 再次煮開，靜置放涼。冷藏
可保存1週。

美味關鍵

也可以使用黑芝麻，做
成黑芝麻風味沙拉醬。

優格蛋黃沙拉醬

做法

特色

用優格的清爽緩解蛋黃醬的油膩，同樣醇厚，更少熱量。

❶ 將所有食材放入碗中。

熱量

1 湯匙（15克）：30大卡

材料

優格	80克
蛋黃醬	30克
檸檬汁	1茶匙
鹽	少許
黑胡椒碎	少許

❷ 攪打均勻即可。

特色

色彩清新、酸味明顯的一款沙拉醬，非常適合夏天。

熱量

1湯匙（15克）：100大卡

材料

特級初榨橄欖油	50毫升
檸檬汁	10毫升
白葡萄酒醋	8毫升
第戎芥末醬	2克
蒜蓉	1克
新鮮羅勒葉	2克
黑胡椒碎	少許
海鹽	少許
蜂蜜	少許

檸檬橄欖油醋醬

做法

❶ 將羅勒葉切碎。

❷ 將所有材料放入密封的玻璃罐中，擰緊瓶蓋搖勻，充分乳化。

❸ 可冷藏保存1週。由於沒有使用乳化劑，這款沙拉醬非常容易分層，請在食用前充分混合均勻。

蜂蜜芥末油醋醬

特色

大量使用蜂蜜，屬於酸甜度較為平和的一款沙拉醬，接受度高，適合做為油醋醬的入門之選。

熱量

1湯匙（15克）：90大卡

材料

蘋果醋	20毫升
蘋果汁	10毫升
檸檬汁	5毫升
特級初榨橄欖油	50毫升
植物油	40毫升
芥末醬	10毫升
蜂蜜	15毫升
鹽	少許
黑胡椒碎	少許

做法

❶ 將蘋果醋、蘋果汁、檸檬汁、芥末醬混合均勻。

❷ 將橄欖油和植物油混合均勻，分次加入步驟1中，快速攪打使之充分乳化。

❸ 加蜂蜜攪拌均勻，用鹽和黑胡椒碎調味即可。

特色

非常溫潤柔和的一款沙拉醬，可
以添加各種香草增加其風味。

熱量

1湯匙（15克）：90大卡

材料

洋蔥	10毫升
第戎芥末醬	1克
蘋果醋	20毫升
蛋黃醬	5克
植物油	100毫升
鹽	少許
黑胡椒碎	少許

法式沙拉醬

做法

❶ 將洋蔥切成極細的末。

❷ 將洋蔥末、第戎芥末醬、蘋
果醋、蛋黃醬充分混合均勻。

❸ 分次加入植物油，快速攪打
使之乳化，用鹽和黑胡椒碎調
味即可。

青醬

特色
全天然食材打出經典地中海醬汁，義大利麵、沙拉、海鮮都可以使用。

熱量
1湯匙（15克）：30大卡

材料

羅勒	200克
平葉歐芹	50克
橄欖油	30克
松子仁	10克
蒜蓉	1克
起司粉	5克
海鹽	少許
黑胡椒碎	少許

做法

❶ 將羅勒和歐芹分別挑洗乾淨。

❷ 松子仁入烤箱160℃烤3分鐘。

❸ 將所有材料一起放入料理機中攪打順滑。

❹ 取出裝瓶，可冷藏保存2週。

葉菜類清洗及處理步驟

（以最常見的生菜為例）

❶ 挑掉生菜不可食的枯萎、腐敗、粗老部分。

❷ 將較大片的生菜撕成方便食用的大小（如果不立即食用，可以在食用前再撕開）。

❸ 如果使用土耕生菜，用蔬果清洗劑浸泡清洗，再用冷開水充分洗淨（因為是直接食用的食物，請不要使用自來水，使用冷開水、純淨水或礦泉水）。

❹ 如果使用水耕生菜，直接用冷開水清洗即可。

❺ 在一大盆冷開水中放入幾塊冰塊，讓水溫冰涼（不可低於10℃，否則容易將嫩葉片凍傷），浸泡15分鐘，使脫水的葉片恢復水分，口感更為清脆。可以在水中滴入少許白醋或檸檬汁，使葉片不易變色，尤其是球生菜極易變色。

❻ 取出稍微瀝乾水分，放入沙拉脫水器中，甩乾水分。少量多次，可將水分甩得更乾淨。

❼ 在大保鮮盒裡鋪上廚房用紙，平鋪上少許生菜，蓋上一次性廚房用紙，重複操作，直至全部生菜裝好，可在冰箱中保存3天。

工具介紹與推薦

沙拉脫水器

沙拉脫水器是能讓沙拉美味加倍的好工具，不僅能避免葉菜水分過多，吃起來不夠爽脆，更因為如果生菜葉片上有過多水分，水油不融合，油醋醬無法均勻地沾在葉片上，影響口味。沙拉脫水器巧妙地解決了這個小問題，喜歡吃沙拉的朋友，家裡一定要有一個哦！

沙拉碗

因為沙拉用蔬菜（尤其是生菜）都較為蓬鬆，所以需要較大的碗才能施展得開。沙拉碗宜選擇圓形無死角的大碗，方便攪拌。常見的材質有玻璃、木質、不銹鋼等，建議選擇一個漂亮的大碗，可以直接上菜。

1
CHAPTER

纖體
輕鬆瘦

特色

希臘優格是過濾掉乳清的優格，口感如同奶油般稠厚，蛋白質含量高，熱量相對較低，製作過程中不加糖和添加劑。這道沙拉是極具冰涼感的沙拉，非常適合做為瘦身沙拉食用。

熱量

80大卡/人份

材料（2人份）

黃瓜	400克
新鮮薄荷葉	30克
希臘優格	1杯（125毫升）
流質蜂蜜	1茶匙
海鹽	1克
黑胡椒碎	少許

醇厚的味道

黃瓜薄荷優格沙拉

做法

❶ 黃瓜切成厚片，裝入大盤中。

❷ 希臘優格稍微攪勻，淋在黃瓜上。

❸ 薄荷葉挑洗乾淨，粗略切碎，撒在優格上。

❹ 淋上流質蜂蜜，撒上海鹽和黑胡椒碎，吃前略微攪拌即可。

美味關鍵

＊如果沒有希臘優格，可以用普通優格代替。盡量選擇無糖優格，如果優格糖分充足，流質蜂蜜可以省略。

＊非常適合搭配咖哩食用。

＊可以在沙拉中增加一些芒果、芭樂等水果，味道更豐富。

清爽的日式風味

裙帶菜黃瓜章魚沙拉

特色

這是一款清爽的日式風味沙拉，醃漬過的黃瓜更爽口，搭配使用方便的裙帶菜、富有嚼勁的章魚腳，酸甜的味道非常開胃，冰鎮尤佳，可做為配餐沙拉食用。章魚腳肉質緊實，是種高蛋白、低脂肪的海鮮，適合減肥期間食用。

做法

❶ 將水果小黃瓜直切成1公分的厚片。

❷ 將切好的黃瓜片和海鹽一起放入保鮮袋中，混合均勻，醃漬半小時，期間多次揉搓，使黃瓜出水。

❸ 乾裙帶菜用純淨水充分泡發，瀝乾水分，加入黃瓜中混合均勻。

❹ 章魚腳放入滾水中汆燙，撈出冷卻後切成1公分厚的片。

❺ 將生薑去皮磨成蓉，和穀物醋、白砂糖、香油一起拌勻，做成沙拉醬。

❻ 將黃瓜（連同黃瓜出的汁）、裙帶菜、章魚腳、調好的沙拉醬一起放入大碗中，混合均勻，再醃15分鐘使之入味，即可裝盤。

熱量

263大卡/人份

材料（2人份）

水果小黃瓜	4根
乾裙帶菜	5克
章魚腳	200克
穀物醋	45毫升
白砂糖	30毫升
海鹽	5克
香油	5毫升
生薑	1小塊

美味關鍵

＊如果使用普通黃瓜，建議去籽去心，心部水分充足，容易稀釋掉調味料的風味。

＊市售的裙帶菜大多可以直接食用，直接用冷水泡發即可。切勿使用熱水，否則容易泡成糊狀，影響口感。

春雨沙拉變身
蒟蒻絲沙拉

特色

這是一款食材種類多樣、顏色靚麗的雜拌系沙拉，用超低熱量且血糖生成指數極低的蒟蒻絲代替常見的冬粉，飽足感強，非常適合減肥期間食用。可以搭配大片生菜，用春捲皮捲起來便是一道方便攜帶的蒟蒻絲沙拉春捲。

做法

❶ 蒟蒻絲洗淨，剪成方便食用的長短，再加入少量鹽的滾水中氽燙2分鐘，瀝乾放涼備用。

❷ 木耳切成細絲，在滾水中氽燙1分鐘，撈出瀝水，放涼備用。

❸ 水果小黃瓜切成薄薄的圓片，加入1克海鹽拌勻使之出水，擠乾水分備用。

❹ 火腿切成5公分長的粗絲。

❺ 將上述食材放入大碗中，加入醬油、白砂糖、鹽、黑胡椒碎拌勻。

❻ 鍋中放油燒至冒煙，爆香蔥花，趁熱澆在沙拉上拌勻，撒上熟白芝麻即可食用。

熱量

160大卡/人份

材料（2人份）

蒟蒻絲	1盒（約300克）
西式火腿片	2片
木耳（泡發）	50克
水果小黃瓜	1根
蔥花	10克
植物油	1湯匙
日本醬油（淡口）	2茶匙
白砂糖	1茶匙
黑胡椒碎	1/2茶匙
熟白芝麻	2克
鹽	少許
海鹽	1克

美味關鍵

＊蒟蒻絲本身含水豐富，用淡鹽水氽燙可以使蒟蒻絲的水分析出。喜歡柔軟、水分充足的口感可以減少氽燙時間，而延長氽燙時間可以使蒟蒻絲口感脆且有嚼勁。

＊用冬粉替換蒟蒻絲，則是傳統的春雨沙拉。

芥辣之下的清甜
芥末娃娃菜沙拉

特色

使用天然芥末粉調味的娃娃菜，芥辣之下還有清甜。芥末粉的辣味來自於芥花油，有降低血液黏稠度的功效，同時促進新陳代謝，有利於減肥瘦身。

做法

❶ 將娃娃菜洗淨，順著纖維切成5公分長的粗條。

❷ 將白砂糖、芥末粉、粗鹽、穀物醋、味醂混合均勻成沙拉醬。

❸ 將沙拉醬與娃娃菜拌勻。

❹ 放入一夜漬的罐子中或保鮮盒中（最好能用重物壓一下），冷藏3小時以上。

❺ 取出裝盤即可食用。

熱量

100大卡/人份

材料（2人份）

娃娃菜	2棵（約350克）
白砂糖	30克
芥末粉	8克
粗鹽	5克
穀物醋	20毫升
味醂	1茶匙

美味關鍵

＊娃娃菜可以用大白菜或高麗菜代替。

＊可以冷藏保存3天，也可以做為配粥的小菜。

＊請選用黃色天然芥末粉，避免使用搭配壽司的山葵粉。

蔬菜做的麵條
水波蛋櫛瓜沙拉

特色

櫛瓜水分充足，熱量低，鈣質含量豐富。將櫛瓜做成義大利麵形狀，味道相似但熱量更低，是義大利麵的理想替代品，適合減肥人士食用。

做法

① 將櫛瓜刨成螺旋狀的絲（中心部分去除不用），放入冰水中恢復清脆口感，瀝乾水分。

② 將雞蛋打入小碗中。

③ 用一口較深的小鍋煮一鍋水，煮滾後加入白醋。

④ 關火，用筷子在滾水中間攪出一顆漩渦，將裝雞蛋的小碗貼著水面，把雞蛋倒入漩渦處。

⑤ 將雞蛋靜置在水中3分鐘，使其定形。開小火，煮約1分半鐘，使蛋白凝固。用漏勺撈出，小心整理掉表面絮狀蛋白。

⑥ 將櫛瓜絲放入碗中，撒上熟蝦仁，擺上水波蛋，淋上巴薩米克橄欖油醋醬即可。

熱量

170大卡/人份

材料（2人份）

櫛瓜	2根
雞蛋	2顆
熟蝦仁	50克
白醋	1湯匙
巴薩米克橄欖油醋醬	2湯匙

美味關鍵

＊也可以用小黃瓜代替櫛瓜。西餐用的櫛瓜較細，心更小，非常適合做成"義大利麵"，常見的有黃色和深綠色兩種，可以單獨或混合使用。

＊為了保證食用安全，請選用新鮮度高的雞蛋。

＊蝦仁可煮可煎，煮的熱量較低，煎的口味較好。

沙拉醬索引　　　018頁

巴薩米克橄欖油醋醬

清新的韓式小菜
韓式豆芽沙拉

特色

豆芽是韓國料理中常常出現的小菜，搭配清香的水芹做成沙拉，以芝麻為主的調味，濃香撲鼻，引人食慾。黃豆芽是一種高纖維、高水分、低熱量的蔬菜；水芹鈣質含量豐富、水分高、熱量低，兩者搭配，是一道有助減肥的小菜沙拉。

做法

❶ 將黃豆芽掐去尾部，洗淨瀝乾水分。

❷ 水芹挑去葉子，切成5公分長的段。

❸ 在鍋中放入適量水，煮滾後加入5克鹽，先放入豆芽汆燙，撈出瀝乾水分，放涼。

❹ 待水再次煮滾，放入水芹段汆燙，稍微變色立刻撈出，放涼，瀝乾水分。

❺ 在大碗中放入蒜泥、香油、韓式辣椒醬、醬油、2克鹽混合均勻，放入充分瀝乾水分的豆芽和水芹拌勻。

❻ 將拌好的豆芽和水芹裝盤，撒上熟白芝麻和乾辣椒碎即可。

熱量

170大卡/人份

材料 (2人份)

黃豆芽	300克
水芹	100克
韓式辣椒醬	10克
醬油	1茶匙
蒜泥	2茶匙
熟白芝麻	1茶匙
香油	1茶匙
乾辣椒碎	少許
鹽	7克

美味關鍵

＊沒有水芹可以用菠菜、香芹或韭菜代替；可以用黑豆芽或綠豆芽代替黃豆芽。

＊這種調味方式適合於各種汆燙蔬菜，蘆筍、豆角、青菜等均可。

甜糯的蒜香醬汁

杏仁豆角花椰菜沙拉

特色

烤好的大蒜甜糯而蒜香濃郁，添加在沙拉中可提升風味，撒上香脆的杏仁，是一款非常適合搭配清脆蔬菜的沙拉醬汁。大蒜中的大蒜素能夠提高新陳代謝並降低體脂，有助減肥。

做法

❶ 烤箱預熱180℃，將大蒜連皮放入，烤15分鐘至充分柔軟。

❷ 取出大蒜，略微放涼，用勺子刮出蒜蓉，裝入小碗中。

❸ 豆角挑洗乾淨，切成長段。花椰菜切成小朵備用。

❹ 煮一鍋水，放入1茶匙鹽，放入豆角煮熟，撈出瀝水。

❺ 待水再次煮滾，放入花椰菜，氽燙熟立即撈出，瀝水。

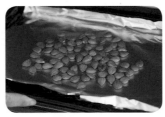

❻ 烤箱預熱160℃，放入杏仁烘烤10分鐘，取出放涼。

❼ 香蒜沙拉醬：將蒜蓉、蜂蜜、第戎芥末醬、白葡萄酒醋拌勻，攪打至順滑，分次放入橄欖油，使之軟化，用鹽和黑胡椒碎調味。

❽ 在大碗中放入花椰菜和豆角，淋入步驟7中調好的沙拉醬拌勻，裝盤，撒上杏仁即可。

熱量

270大卡/人份

材料（2人份）

豆角	200克
花椰菜	1/2棵
杏仁	50克
大蒜	5瓣
橄欖油	2茶匙
蜂蜜	1茶匙
第戎芥末醬	1/2茶匙
白葡萄酒醋	1湯匙
鹽	適量
黑胡椒碎	適量

美味關鍵

＊香蒜沙拉醬可以冷藏保存3天左右。非常適合搭配豆類，荷蘭豆、四季豆、甜豆都可以用來做這道沙拉。

＊如果使用杏仁片代替杏仁，風味更濃郁。杏仁片在160℃的烤箱中烘烤5分鐘，顏色變得金黃即可，久烤易發苦。

簡簡單單就很好吃

蟹肉荷蘭豆酪梨沙拉

特色

荷蘭豆和酪梨的口感一脆一軟，對比鮮明，搭配清甜的蟹肉，再用基礎油醋醬襯托出食材本身的味道，簡簡單單就很好吃。酪梨中的脂肪屬於單元不飽和脂肪酸，有降低膽固醇、血脂的作用，適合健身減肥的人士食用。

做法

❶ 將荷蘭豆挑洗乾淨。

❷ 煮一鍋水，放入1茶匙鹽，放入荷蘭豆煮熟，撈出瀝乾。

❸ 酪梨一切為二，去核去皮，切成厚片。

❹ 將綜合生菜、酪梨、荷蘭豆放入盤中，擺上蟹肉，淋上基礎油醋醬即可。

熱量

202大卡/人份

材料（2人份）

荷蘭豆	200克
酪梨	1顆
蟹肉（熟）	100克
綜合生菜	50克
基礎油醋醬	1湯匙
鹽	1茶匙

美味關鍵

＊荷蘭豆可以用甜豆或豆角代替，一定要充分煮熟。

＊用柑橘油醋醬替換基礎油醋汁，風味更清爽。

＊蟹肉可以選擇蟹肉罐頭或新鮮海蟹取肉食用。

基礎油醋醬

沙拉醬索引　　　　　017頁

配料超豐富的日式豆腐
海藻豆腐沙拉

特色

豆腐與裙帶菜是經典搭配，再用酸辣的辣白菜提味，就成了蛋白質豐富、熱量低、飽足感強的和風沙拉，非常適合減肥期間食用。

熱量

170大卡/人份

材料（2人份）

豆腐（可生食）1盒（約400克）	
乾裙帶菜（沙拉用）	5克
辣白菜	50克
辣白菜汁	1湯匙
香油	1茶匙
蔥花	1茶匙
海苔片	1片

做法

❶ 裙帶菜用淨水泡發，反覆淘洗幾次。

❷ 豆腐切成1公分厚的片，在盤中排好。

❸ 將辣白菜切碎，和裙帶菜、香油、辣白菜汁一起拌勻，鋪在豆腐頂部。

❹ 撒上蔥花和撕碎的海苔片即可。

美味關鍵

＊請選用可生食的日式絹豆腐，更安全美味。

＊裙帶菜也可以用其他海藻代替，如海葡萄、綠藻、海石花、羊棲菜等較為方便食用、適合做沙拉的海藻。

特色

嫩葉菠菜是一種專門適合沙拉用的菠菜，葉片小而水分足，柔軟而澀感低，非常適合生食。血橙的深紅色來自於花青素，其抗氧化功效優於其他橙類。菠菜富含鉀，對消除水腫型肥胖有幫助。

熱量

220大卡/人份

材料（2人份）

柳橙	1顆
血橙	1顆
嫩葉菠菜	100克
石榴	1/2顆
檸檬橄欖油油醋醬	1湯匙
蜂蜜	1茶匙

菠菜還能這麼吃

石榴柑橘
嫩菠菜沙拉

做法

❶ 將柳橙和血橙削去皮和白膜，切成厚片。

❷ 嫩葉菠菜洗淨，用沙拉甩水器甩乾水分。

❸ 將石榴切開，取籽備用。

❹ 在盤中放入菠菜、血橙片、柳橙片，撒上石榴籽，淋上檸檬橄欖油油醋醬，根據口味加入蜂蜜調整酸味。

美味關鍵

＊如果沒有血橙，可以用葡萄柚或柚子代替。

＊請選用沙拉用嫩葉菠菜，柔嫩、澀味淡、水分充足。

＊這道沙拉非常適合搭配烤海鮮，可以做為烤魚、烤蝦、烤扇貝等配菜，也可以在沙拉中添加魚肉、蝦仁、魷魚等。

水果成為亮眼主角

石榴西洋梨蘿莎綠沙拉

特色

石榴獨特的爆汁口感,搭配香甜綿軟的西洋梨,兩者都是低熱量的沙拉食材。淋上巴薩米克橄欖油醋醬,與生菜一同入口,簡單清爽又不失美味。

熱量

152大卡/人份

材料 (2人份)

西洋梨	1顆
蘿莎綠	100克
石榴	1/2顆
巴薩米克橄欖油醋醬	1湯匙

做法

❶ 將蘿莎綠撕成小塊,洗淨,用淨水泡15分鐘取出,用沙拉甩水器甩乾水分。

❷ 西洋梨去皮,切成片。

❸ 將石榴剝籽備用。

❹ 將蘿莎綠、西洋梨、石榴子裝盤,淋上巴薩米克橄欖油醋醬即可。

美味關鍵

＊蘿莎綠是一種卷葉的綠色生菜,也可以用自己喜歡的品種代替。

＊西洋梨汁水豐富、口感細膩,也可以用其他品種的梨代替。

＊這道沙拉較為素雅,可以添加蝦仁、白身魚肉(鱸魚、鯛魚等)、魷魚等清爽的海鮮。

巴薩米克橄欖油醋醬

沙拉醬索引　　　　　018頁

明星食材的組合

杏仁蔓越莓乾羽衣甘藍沙拉

特色

杏仁、蔓越莓、羽衣甘藍都是健康飲食中的"超級明星"。蔓越莓乾可抗氧化、養顏美容、補充維生素、保護心腦血管,是一種健康的天然果乾。羽衣甘藍營養豐富,熱量卻超低,是有助瘦身的明星食材。

做法

❶ 將羽衣甘藍洗淨,用沙拉甩水器甩乾水分,撕成適合食用的小片。

❷ 烤箱預熱160℃,放入杏仁烘烤10分鐘,取出放涼。

❸ 番茄洗淨,切成半月形。

❹ 將羽衣甘藍和番茄放入盤中,撒上杏仁和蔓越莓乾,淋上蜂蜜芥末油醋醬即可食用。

熱量

195大卡/人份

材料 (2人份)

羽衣甘藍	100克
番茄	1顆
蔓越莓乾	30克
杏仁	30克
蜂蜜芥末油醋醬	1湯匙

美味關鍵

＊市售的羽衣甘藍有時會比較老,纖維感重、口感粗糙,建議選用較柔嫩的部分,較老的部分可以烘烤成羽衣甘藍片。

＊將羽衣甘藍用油醋醬醃漬30分鐘,口感更柔軟。

＊如果使用彩色的櫻桃番茄代替番茄,顏色、口感更好。

蜂蜜芥末油醋醬

沙拉醬索引　　　　024頁

酸辣開胃的東南亞風味
越南風味米粉沙拉

特色

這款誕生於東南亞炎熱天氣裡的沙拉，夏天吃清爽開胃，熱量低卻滋味十足，適合做為代餐或主食，怎麼吃都不會胖哦！

做法

❶ 米粉用冷水泡軟，用剪刀剪成段。

❷ 煮滾一鍋水，放入豆芽汆燙，撈出瀝乾水分。

❸ 待水再次煮滾，放入米粉燙熟，撈出瀝乾水分。

❹ 胡蘿蔔與紫洋蔥分別切成細絲。

❺ 將蒜切成片，青檸擠汁備用。

❻ 在大碗中放入米粉、豆芽、胡蘿蔔絲、紫洋蔥絲、香菜碎、薄荷碎、甜辣醬、青檸汁、紅辣椒圈拌勻。

❼ 將植物油放入小鍋中燒熱，放入蒜片炸出香味，顏色金黃。連同油一起淋入拌好的沙拉中，迅速攪拌均勻。

❽ 將沙拉裝盤，撒上花生碎即可。

熱量

255大卡/人份

材料（2人份）

米粉（乾）	50克
黃豆芽	50克
胡蘿蔔	1/2小根
紫洋蔥	1/4顆
香菜碎	1湯匙
薄荷碎	1湯匙
油炸花生碎	1湯匙
甜辣醬	1湯匙
青檸	1/2顆
蒜	3瓣
植物油	1湯匙
紅辣椒圈	1茶匙

美味關鍵

＊喜歡辣味可以加些紅辣椒圈。也可以剁成極細的末，充分拌勻，辣味較為濃烈，並依自己的口味適量添加。

＊油炸花生碎的做法：將去皮花生米放入160℃左右的熱油中炸至顏色微微焦黃，取出瀝油放涼，切碎即可。

牛排做主角
泰式牛排生菜沙拉

特色

這是一款以牛排為主角的沙拉，用酸辣的泰式調味料搭配大量蔬菜，營養均衡、味道豐富，適合做為主菜或便當。牛肉富含蛋白質和鐵質，選擇菲力牛排這類較瘦的部位，熱量更低。

做法

❶ 將牛排撒上少許海鹽、黑胡椒碎、橄欖油，醃漬5分鐘。

❷ 平底鍋燒至冒煙，放入牛排，煎至自己喜歡的熟度。

❸ 取出牛排放在菜板上，靜置10分鐘。

❹ 羅馬生菜撕成適口的大小，洗淨，甩乾水分。

❺ 櫻桃番茄一切為二。

❻ 紅辣椒去籽切成圈；香茅取根部嫩心，斜切成薄片。

❼ 小黃瓜去心切成片。

❽ 將香茅片、青檸汁、紅蔥頭碎、紅辣椒、香菜段、白砂糖、剩餘海鹽、橄欖油及黑胡椒碎混合成沙拉醬備用。

❾ 將生菜、番茄、小黃瓜和一半沙拉醬混合均勻，裝盤。

❿ 將牛排切片，擺在盤中，淋上剩下的沙拉醬即可。

熱量

225大卡/人份

材料（2人份）

菲力牛排	1塊（約200克）
羅馬生菜	1棵
小黃瓜	1根
櫻桃番茄	6顆
紅蔥頭碎	1湯匙
香菜段	10克
香茅	1枝
青檸汁	1湯匙
紅辣椒	1顆
橄欖油	1湯匙
白砂糖	1茶匙
海鹽	適量
黑胡椒碎	適量

美味關鍵

＊市售的牛排常見的有肋眼、T骨、菲力等，建議選擇菲力，柔嫩且脂肪少，冷食口感佳。因為肉質較瘦，不適合熟度過高，五分熟就非常適合這道沙拉。

＊小黃瓜建議去籽去心，心部水分充足，容易稀釋調味料的味道。將小黃瓜豎著一切為二，用勺子刮去內瓤即可。

扔掉魚罐頭吧！

烤秋刀魚雙色菜花沙拉

特色

秋刀魚富含蛋白質、ω-3脂肪酸，是一種物美價廉的青背魚，烤好後弄碎可以代替金槍魚罐頭，讓沙拉變得豐盛起來。秋刀魚容易腐敗，釋放出使人中毒的組織胺，請選擇足夠新鮮的秋刀魚。

做法

❶ 將秋刀魚處理乾淨，抹上粗鹽和黑胡椒碎醃10分鐘使其入味。

❷ 將烤箱預熱180℃。在烤盤上墊上烘焙紙，擺上秋刀魚，送入烤箱，烤15分鐘。

❸ 至魚皮略微焦黃，取出秋刀魚，略微放涼，取出魚肉，放入碗中粗略搗碎。

❹ 將花椰菜和菜花分別洗淨，切成小朵。

❺ 鍋中煮滾一鍋水，加入1茶匙鹽，放入花椰菜和菜花汆燙熟，撈出瀝乾水分。

❻ 將花椰菜和菜花放入盤底，撒上搗碎的秋刀魚，淋上日式油醋汁，撒上味島香鬆即可。

熱量

256大卡/人份

材料（2人份）

秋刀魚	1條
花椰菜	200克
菜花	200克
日式油醋醬	1湯匙
粗鹽	少許
黑胡椒碎	少許
味島香鬆	1茶匙
鹽	1茶匙

美味關鍵

＊香鬆是一種常用於沙拉和飯糰中的日式混合調味料，有多種口味可供選擇。

＊可以將秋刀魚替換成其他適合烤的海魚，如鯖魚、鮭魚、鯛魚等，也可以直接在平底鍋裡煎熟。

＊在搗碎魚肉時請注意將魚刺剔除乾淨。

沙拉醬索引　　　　020頁

日式油醋醬

粉粉嫩嫩的豆豆
櫻桃蘿蔔紅腰豆沙拉

特色

小小的櫻桃蘿蔔粉嫩討喜，些許的辣味和乳酪十分對味，搭配軟糯的紅腰豆，是一款適合放在麵包上一起吃的沙拉。紅腰豆利水消腫，對水腫型肥胖有輔助食療作用。

做法

❶ 將紅腰豆提前泡發一夜。放入小鍋中，加入適量清水和1茶匙鹽煮開，中火煮熟，撈出，瀝乾水分。

❷ 將蒜、歐芹葉、細香蔥分別切成極細的末。

❸ 將奶油乳酪、淡奶油、蒜末、歐芹末、香蔥末、檸檬汁、1/2茶匙海鹽、少許黑胡椒碎放入碗中，攪打至順滑，製成乳酪醬。

❹ 將櫻桃蘿蔔切去頭尾，切成半月形。

❺ 將調好的乳酪醬放入盤中打底，擺上櫻桃蘿蔔和紅腰豆，用細香蔥做裝飾即可。吃前充分混合均勻。

熱量

185大卡/人份

材料（2人份）

紅腰豆（乾）	50克
櫻桃蘿蔔	200克
奶油乳酪	30克
淡奶油	1湯匙
檸檬汁	1/2湯匙
海鹽	1/2茶匙
黑胡椒碎	少許
歐芹葉	2克
細香蔥	2克
蒜	1瓣
鹽	1茶匙

美味關鍵

＊可以直接用香草乳酪代替自製乳酪醬。

＊可選用罐頭裝紅腰豆，或使用白芸豆罐頭。

中式蔬菜沙拉
青江菜菇菇沙拉

特色

這是家常菜版的沙拉。汆燙好的青江菜與白玉菇，淋上蔥香四溢的青蔥油醋醬，屬於中式沙拉，也可以做為配菜或便當菜食用。整道沙拉熱量很低，吃一大碗也不會長胖！

做法

❶ 將青蔥切成薄片。

❷ 青江菜從底部一切為二，充分清洗乾淨。白玉菇分成小朵。

❸ 煮滾一鍋水，加入1茶匙鹽，依序放入白玉菇和青江菜汆燙熟，撈出放涼，擠乾水分。

❹ 將醬油、鎮江香醋、白砂糖、少許鹽放入碗中，混合均勻。

❺ 在小鍋中放入植物油燒熱，放入25克青蔥片炸出香味，至顏色變得焦黃，關火，倒入步驟4的碗中，製成青蔥油醋醬。

❻ 將青江菜、白玉菇放入盤中，淋入調好的青蔥油醋醬，撒上剩餘的青蔥片即可。

熱量

125大卡/人份

材料（2人份）

青江菜	300克
白玉菇	1盒（125克）
青蔥	30克
植物油	1湯匙
醬油	1茶匙
鎮江香醋	2茶匙
白砂糖	1茶匙
鹽	適量

美味關鍵

＊青蔥可以用香蔥代替，也可以用紅蔥頭製成紅蔥油醋汁，但紅蔥頭用量需減半。

＊這種做法也適合其他綠葉蔬菜，例如菜心、芥藍、油菜等。

惹味的酸甜辣

辣味番茄黃瓜
蟹肉沙拉

特色

甜辣醬加柑橘油醋醬，酸辣回甜。豐富的食材，美味又繽紛，裝在玻璃罐裡帶著上班吧！蟹肉是一種熱量相對較低的海鮮，高蛋白低脂肪，是瘦身期間的優質蛋白質來源。

熱量

135大卡/人份

材料 (2人份)

櫻桃番茄	10顆
水果小黃瓜	2根
熟蟹肉	100克
綜合生菜	50克
泰式甜辣醬	1茶匙
柑橘油醋醬	1湯匙

做法

❶ 將櫻桃番茄洗淨，一切為二。

❷ 水果小黃瓜一剖為二，切成1公分長短的塊。

❸ 將泰式甜辣醬和柑橘油醋醬在小碗中混合均勻成沙拉醬。

❹ 在大碗中放入櫻桃番茄、小黃瓜、綜合生菜、步驟3中調好的沙拉醬混合均勻。

❺ 連同湯汁一起裝盤，撒上熟蟹肉即可。

美味關鍵

＊可以添加一些奶油乳酪或酪梨，風味更佳。

＊蟹肉可以選擇蟹肉罐頭或新鮮海蟹取肉食用。

＊喜歡辣味的，可以添加一些紅辣椒圈。

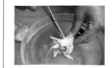

特色

這道沙拉熱量極低，即使吃掉一大盤也毫無負擔。金橘是一種少見且連皮食用的柑橘，橘皮裡含有豐富的維生素C，同時具有止咳化痰的功效，適合在乾燥的秋冬季食用。

熱量

95大卡/人份

材料 (2人份)

蘿莎綠	100克
脆柿	1顆
金橘	6顆
柑橘油醋醬	1湯匙

簡單而有趣

金橘脆柿生菜沙拉

做法

❶ 將蘿莎綠撕成適合入口的大小，用淨水洗淨，浸泡10分鐘。

❷ 將蘿莎綠撈出瀝乾水分，用沙拉甩水器甩乾水分。

❸ 金橘切成圈，脆柿刨成薄片。

❹ 將蘿莎綠鋪在盤底，放上金橘和脆柿片點綴，淋上柑橘油醋醬即可。

美味關鍵

＊脆柿是一種口感清脆的柿子，也可以用黃桃或油桃代替。

＊這道沙拉非常清爽，可以添加風味濃郁的堅果平衡味道，如碧根果、山核桃、松子仁等。

＊除了蘿莎綠，這道沙拉也非常適合使用水耕的生菜，能襯托出水耕沙拉菜柔嫩的口感與風味。

2
CHAPTER

美白
潤肌膚

特色

鹹鮮的火腿、香甜的黃桃，辛辣的芝麻菜、清爽的奶油生菜，食材間的襯托與對比，讓小小的一盤沙拉擁有了豐富的味覺層次。豐盛的蔬果，也帶來了潤澤清透的肌膚。

熱量

227大卡/人份

材料（2人份）

黃桃	1顆
義式生火腿	4片
芝麻菜	50克
奶油生菜	50克
柑橘油醋醬	1湯匙

豐富的味覺層次

夏日黃桃火腿沙拉

做法

❶ 奶油生菜和芝麻菜挑洗乾淨，用淨水浸泡10分鐘，用沙拉甩水器甩乾水分。

❷ 黃桃去皮、去核，切成半月形。

❸ 將奶油生菜撕成適口的大片，放入沙拉碗中。

❹ 將芝麻菜、黃桃放入沙拉碗中，淋上柑橘沙拉醬，鋪上義式生火腿即可。

美味關鍵

＊沒有新鮮黃桃可用罐頭黃桃代替，使用油桃或水蜜桃也很美味。

＊市售的芝麻菜主要有闊葉和細葉兩種，以細葉最為常見。細葉芝麻菜味道濃郁，闊葉芝麻菜風味柔和。

＊義式生火腿可以用西班牙火腿或其他西式風乾火腿代替。

綜合穀物麥片水果沙拉

特色

這是一款簡單快手、營養均衡、色彩豐富的滿分早餐，做為飯後甜點也很適合。紅心火龍果，富含花青素，具有強大抗氧化能力，可使皮膚變得光滑且富有彈性。

做法

❶ 將紅心火龍果去皮，切成適合入口的小塊。

❷ 將奇異果去皮，切成適合入口的小塊。

❸ 芒果肉切成適合入口的小塊。

❹ 將紅心火龍果鋪入杯底。

❺ 放上一層優格。

❻ 撒上一層穀物麥片。

❼ 再按照芒果、優格、穀物麥片、奇異果、優格、穀物麥片的順序鋪好即可。

熱量

438大卡/人份

材料（2人份）

紅心火龍果	1/2顆
奇異果	1顆
芒果肉	100克
優格（稠厚）	200毫升
穀物麥片	100克

美味關鍵

＊可以根據自己的喜好選擇水果品種，如藍莓、草莓、樹莓、楊桃、杏子、桃子等。

＊建議選用稠厚的希臘優格，不建議選用質地稀薄的優格或乳酸菌飲料。

絲絲入口的清爽

羅勒檸檬風味
蘋果高麗菜沙拉

特色

羅勒檸檬搭配的醬汁,淋在切得細細的高麗菜和蘋果之上,最能品嘗到食材的清脆。羅勒是常見的香草之一,其溫暖、辛辣的香氣廣受歡迎,更能促進新陳代謝,活化皮膚細胞、改善膚色。

做法

❶ 將高麗菜剝去老葉,切成極細的絲,放入淨水中浸泡20分鐘,撈出,用沙拉甩水器甩乾水分。

❷ 青蘋果洗淨擦乾,連皮切成或刨成火柴棒粗細的絲。

❸ 羅勒葉切碎。

❹ 在大碗中放入海鹽、黑胡椒碎、青檸汁、紅葡萄酒醋、流質蜂蜜、第戎芥末醬混合均勻,分次攪打進橄欖油。

❺ 加入高麗菜絲、青蘋果絲、羅勒葉碎拌勻。

❻ 裝盤,撒上少許青檸檬皮屑即可。

熱量

250大卡/人份

材料 (2人份)

高麗菜	1/2顆
青蘋果	2顆
新鮮羅勒葉	5克
特級初級橄欖油	1湯匙
紅葡萄酒醋	1茶匙
青檸汁	1茶匙
流質蜂蜜	1茶匙
第戎芥末醬	2克
海鹽	少許
黑胡椒碎	適量
青檸檬皮屑	少許

美味關鍵

＊青蘋果清脆微酸,非常適合這道沙拉。也可以選擇其他脆口的蘋果品種。

＊可以將高麗菜和紫甘藍混合使用,顏色更靚麗。

百變番茄

番茄三重奏沙拉

特色

番茄富含維生素C，有美白肌膚、保持皮膚彈性的食療功效。番茄的三種處理方式帶來了三種不同的風味，可深度品嘗番茄的天然味道。

做法

❶ 在番茄頂部劃出十字。

❷ 煮滾一鍋水，放入番茄，將皮燙裂

❸ 立刻撈出放入冰水中，去皮。

❹ 取2顆番茄水平切掉頂部，再用勺子挖空內部。

❺ 剩餘的1顆番茄一切為四，去籽，切成小塊。

❻ 將羅勒葉切碎，番茄乾切小塊。

❼ 在小碗中放入番茄塊、番茄乾塊、羅勒葉碎、檸檬汁、洋蔥粒、部分橄欖油、海鹽及黑胡椒碎混合均勻。

❽ 將步驟7中的食材放入步驟4挖空的番茄中。

❾ 裝盤，淋上剩餘橄欖油，撒上剩餘黑胡椒碎和海鹽即可。

熱量

174大卡/人份

材料（2人份）

大番茄	3顆
番茄乾	20克
新鮮羅勒葉	10克
特級初榨橄欖油	1湯匙
檸檬汁	1茶匙
白洋蔥粒	10克
海鹽	少許
黑胡椒碎	少許

美味關鍵

＊冷藏半小時食用口感更佳。

＊請選用成熟度高的番茄，以樹熟為佳。

有薄荷的夏天
薄荷西瓜甜瓜沙拉

特色

甜瓜富含維生素C，可降低色素沉澱，有美容養顏功效；西瓜富含鉀，可消水腫。用清涼的薄荷去點綴兩種最適合夏天食用的瓜果，冰鎮後食用更是清涼解暑。

做法

❶ 將西瓜和甜瓜分別去皮，切成2公分見方的塊狀。

❷ 在沙拉碗中放入西瓜塊、甜瓜塊、薄荷碎、薄荷糖漿混合均勻，放入冰箱冷藏30分鐘。

❸ 將西瓜塊和甜瓜塊在盤中擺成正方形。

❹ 再擺上少許薄荷葉裝飾即可。

熱量

75大卡/人份

材料（2人份）

西瓜	200克
甜瓜	200克
薄荷糖漿	10毫升
薄荷碎	10克
薄荷葉（裝飾用）	少許

美味關鍵

＊沒有薄荷糖漿可省略，也可用白糖或蜂蜜代替。

＊薄荷糖漿的製作方法：將100克白砂糖和100克清水放入小鍋中煮滾至糖溶化，加入一小把薄荷煮開，關火冷卻，過濾即可。

＊薄荷品種較多，常見的有胡椒薄荷、留蘭香薄荷、葡萄柚薄荷等，用在甜點中請盡量避免使用胡椒薄荷。

甜蜜蜜
乳酪蜜桃藍莓沙拉

特色

香濃乳酪包裹著水果，點綴杏仁和蜂蜜，既可以搭配麵包做為早餐，也可以是甜蜜的餐後沙拉。藍莓含有豐富的花青素，這種抗氧化成分能抗衰老，保持肌膚年輕。

熱量

267大卡/人份

材料 (2人份)

水蜜桃	2顆
藍莓	50克
乳酪抹醬	50克
杏仁	30克
流質蜂蜜	少許

做法

❶ 水蜜桃去皮去核，切成半月形。

❷ 在盤底塗上乳酪抹醬。

❸ 用水蜜桃瓣擺成玫瑰花瓣狀。

❹ 在中央放入藍莓和杏仁，淋上蜂蜜即可。

美味關鍵

＊可用黃桃代替水蜜桃，顏色更亮麗。

＊乳酪抹醬可用奶油乳酪、希臘優格代替。

＊可以將一種或幾種莓果混合代替藍莓，如樹莓、黑莓、草莓、蔓越莓等。

特色

用味道清新的羅勒去妝點水果，冷藏後，口感更清涼，還能吃到粒粒粗砂糖，這是令美味加倍的祕訣。草莓富含多種維生素和礦物質，可增強皮膚彈性，具有美白潤膚的食療功效。

熱量

178大卡/人份

材料（2人份）

彩色櫻桃番茄	200克
草莓	100克
柳橙	1顆
羅勒葉	5克
特級初榨橄欖油	2茶匙
粗粒黃砂糖	1/2湯匙

冰鎮讓美味加倍
羅勒草莓番茄沙拉

做法

❶ 將柳橙去皮，取出柳橙瓣。

❷ 櫻桃番茄和草莓洗淨，對半切開。

❸ 將櫻桃番茄、柳橙瓣、草莓放入沙拉碗中，撒上粗粒黃砂糖，淋上橄欖油，拌勻。

❹ 裝盤，撒上羅勒葉即可。

美味關鍵

＊如果能冷藏1小時左右，風味更融合，口感更佳。

＊粗粒黃砂糖能為沙拉帶來顆粒感，也可以用白砂糖代替。如果使用糖粉或綿白糖，口感較為細膩。

百果之香

百香果芒果
柳橙沙拉

特色

百香果因集「百果之香味」於一身而得名，香味神祕濃烈，是天然的鎮定劑，可安神、舒緩情緒。百香果富含維生素C、SOD酶，能夠清除體內自由基，達到養顏、抗衰老的作用。

熱量

289大卡/人份

材料（2人份）

芒果	1顆
柳橙	2顆
百香果	1顆
白砂糖	1湯匙

做法

❶ 將百香果一切為二，取汁（留籽），裝入小鍋中。

❷ 在小鍋中加入白砂糖和1湯匙清水，中火煮5分鐘，離火放涼。

❸ 芒果去皮、去核，切成小塊。

❹ 柳橙去皮，取出柳橙肉。

❺ 將柳橙和芒果裝入盤中，淋上熬好的百香果糖漿即可。

美味關鍵

＊熬好的百香果糖漿可冷藏保存1週。

＊使用鳳梨、楊桃等熱帶水果也很美味。

＊可以保留一切為二的百香果皮，做成小碗狀，裝入做好的沙拉，做成一道非常漂亮的宴客水果杯。

特色

碧綠的開心果仁撒在草莓上，以優格為基底，清新豐盈。櫻桃富含鐵元素，有補血養血的作用，可使肌膚紅潤有光澤。

熱量

292大卡/人份

材料（2人份）

櫻桃	100克
草莓	100克
開心果仁	30克
全脂優格	1杯（125毫升）
流質蜂蜜	適量

紅綠相間的小清新
蜂蜜開心果櫻桃沙拉

做法

❶ 烤箱預熱160℃。將開心果仁放在烤盤上，烘烤3分鐘，取出放涼。

❷ 櫻桃洗淨，一切為二，去核備用。

美味關鍵

＊最好能選擇無糖的稠厚全脂優格。根據優格中的糖分調整蜂蜜用量。

＊增加莓果的種類，可使沙拉更為豐富，如樹莓、黑莓、藍莓等。

❸ 草莓洗淨，一切為二。

❹ 在盤中放入優格打底，擺上櫻桃、草莓、開心果仁，淋上蜂蜜即可。

蜂蜜核桃葡萄柚苦苣沙拉

特色

用酸酸的葡萄柚、香脆的核桃，平衡苦苣的苦澀味，能品嘗到苦味食材的獨特魅力。葡萄柚中的維生素P，可增強皮膚功能，有利於皮膚保健和美容。

做法

❶ 苦苣葉挑洗乾淨，用淨水洗淨，浸泡15分鐘，撈出，用沙拉甩水器甩乾水分。

❷ 烤箱預熱160℃，將核桃仁放在烤盤上送入烤箱，烘烤10分鐘，取出放涼。

❸ 葡萄柚去皮取肉。

❹ 在小碗中放入葡萄籽油、流質蜂蜜、穀物醋、檸檬汁、鹽、黑胡椒碎，混合均勻成沙拉醬。

❺ 將苦苣葉放入碗中打底，撒上葡萄柚肉和核桃仁，淋上沙拉醬即可。

熱量

342大卡/人份

材料（2人份）

葡萄柚	1顆
核桃仁	50克
苦苣葉	100克
葡萄籽油	1湯匙
流質蜂蜜	2茶匙
穀物醋	1茶匙
檸檬汁	1茶匙
鹽	少許
黑胡椒碎	適量

美味關鍵

＊如果沒有葡萄籽油，可以使用玉米油、茶籽油等味道淡雅的油代替，但避免菜籽油、花生油等味道濃郁的油。

＊可以用碧根果、榛果等堅果代替核桃。

甜香四溢的烤水果

肉桂烤苹果李子沙拉

特色

用肉桂烤過的水果甜香四溢,搭配焦糖醬和冰淇淋,獲得和諧的味道、溫差對比強烈的口感,是一款味覺體驗完整的甜品沙拉。蘋果中豐富的維生素C,可淡化色斑,保持皮膚細嫩紅潤。

做法

❶ 紅蘋果去皮、去核,切成半月狀。

❷ 李子去核,切成半月形。

❸ 烤箱預熱180℃,不沾烤盤上刷上一層奶油,放入李子和蘋果。

❹ 在蘋果和李子上刷上一層奶油,撒上白砂糖和部分肉桂粉。

❺ 放入烤箱烤15分鐘,至表面白砂糖融化、顏色轉為深焦糖色,蘋果和李子顏色呈焦黃,取出。

❻ 將烤好的李子和蘋果趁熱裝在盤中,再撒上少許肉桂粉。

❼ 在旁邊配上香草冰淇淋,淋上焦糖醬,撒上鹽酥杏仁即可。

熱量

287大卡/人份

材料 (2人份)

紅蘋果	2顆
李子	3顆
肉桂粉	1克
室溫奶油	少許
白砂糖	10克
鹽酥杏仁	20克
香草冰淇淋	適量
焦糖醬	適量

美味關鍵

肉桂和中餐中常用的桂皮味道相差很多,桂皮不適用於甜點,要特別注意。

番茄鳳梨鮭魚沙拉

特色

鮭魚中的ω-3不飽和脂肪酸，是皮膚屏障的組成成分，可鎖住肌膚水分，達到滋潤保濕的功效。清爽的番茄、鳳梨，最適合搭配肥美的鮭魚，冰鎮一下，更是一道開胃的前菜。

做法

❶ 將鳳梨去皮，切成1公分的塊狀。

❷ 番茄和水果小黃瓜分別切成1公分的塊狀。

❸ 鮭魚切成適口的厚片。

❹ 在沙拉碗中放入番茄塊、鳳梨塊、水果小黃瓜塊、洋蔥碎、橄欖油、檸檬汁、甜辣醬、鹽、黑胡椒碎、歐芹碎或羅勒葉碎混合均勻，裝入盤中打底。

❺ 在盤中擺上鮭魚即可。

熱量

281大卡/人份

材料（2人份）

生食鮭魚	200克
鳳梨	100克
番茄	1顆
紅洋蔥碎	10克
水果小黃瓜	1根
特級初榨橄欖油	1湯匙
甜辣醬	1茶匙
檸檬汁	1茶匙
鹽	少許
黑胡椒碎	少許
新鮮歐芹碎或羅勒葉碎	
	1湯匙

美味關鍵

鮭魚也可以替換成金槍魚，但一定要選用生食級的。

鹹甜交織的美味
火腿無花果甜瓜沙拉

特色

將火腿最經典的幾種搭配匯聚成一盤，每一口都是豐盈的味覺體驗。無花果富含維生素C及多種抗氧化成分，能延緩細胞衰老，抑制色素沉澱，有美容養顏的食療作用。

做法

❶ 甜瓜去皮、去籽，切成小塊。

❷ 新鮮無花果一切為二。

❸ 火腿切成適口的片。

❹ 芝麻菜用淨水浸泡10分鐘，取出，用沙拉甩水器甩乾水分。

❺ 在盤中用芝麻菜打底，擺上甜瓜和無花果，淋上沙拉醬，放上生火腿即可。

熱量

257大卡/人份

材料（2人份）

無花果	6顆
甜瓜	1/2 顆
義式生火腿	4片
芝麻菜	50克
巴薩米克橄欖油醋醬	1湯匙

美味關鍵

＊義式生火腿和無花果、甜瓜都是經典的搭配，也可以用西班牙火腿代替。

＊市售的芝麻菜主要有闊葉和細葉兩種，以細葉最為常見。細葉芝麻菜味道濃郁，闊葉芝麻菜風味柔和。請根據自己的喜好適量使用。

沙拉醬索引　　　　018頁

巴薩米克橄欖油醋醬

"超級食物" 的新奇口味

楓糖青檸
藜麥草莓沙拉

特色

各種超級食物巧妙組合成一道口味新奇的創意沙拉,健康卻不乏味。藜麥是一種營養全面的食材,可以做為主食。藜麥中的某種植物化學物質,對肌膚還具有舒緩與修復功效。

做法

① 藜麥洗淨,放入小碗,加入淹過藜麥的清水,上鍋蒸20分鐘。

② 將蒸好的藜麥趁熱加入1茶匙基礎油醋醬拌勻,放涼備用。

③ 嫩葉菠菜挑洗乾淨,用淨水浸泡10分鐘,撈出用沙拉用水器甩乾水分。

④ 草莓洗淨,一切為二。

⑤ 在小碗中放入葡萄籽油、青檸汁、芥末籽醬、楓糖、鹽、黑胡椒碎,攪打成沙拉醬。

⑥ 在盤底用嫩葉菠菜打底,撒上藜麥、草莓、碧根果仁,淋上調好的沙拉醬即可。

熱量

269大卡/人份

材料 (2人份)

藜麥	20克
草莓	100克
嫩葉菠菜	50克
碧根果仁	20克
葡萄籽油	10毫升
青檸汁	1茶匙
楓糖	1茶匙
芥末籽醬	1/2茶匙
鹽	少許
黑胡椒碎	少許
基礎油醋醬	1茶匙

美味關鍵

嫩葉菠菜請選擇沙拉專用品種,也可以用西洋菜或其他沙拉用生菜代替。

沙拉醬索引　　　　017頁

基礎油醋醬

色彩斑斕的水果碗
彩虹水果沙拉

特色

赤橙黃綠青藍紫，排列整齊的彩虹色水果，口味豐富，色彩斑斕，營養更是全面均衡。豐富的水果，提供了全面的滋養，讓你擁有水潤嫩滑的肌膚。

做法

❶ 將草莓、葡萄分別洗淨，切成小塊。

❷ 芒果、紅色火龍果、奇異果分別去皮，切成小塊。

❸ 柳橙去皮取肉，切成小塊。

❹ 在碗底放上優格打底。

❺ 在優格上按順序擺上草莓、柳橙、芒果、奇異果、藍莓、葡萄、紅色火龍果即可。

熱量

168大卡/人份

材料（2人份）

草莓	3顆
柳橙	1/2顆
芒果	50克
奇異果	1顆
藍莓	30克
葡萄	8顆
紅色火龍果	50克
優格	200克

美味關鍵

＊水果品種可以根據自己的喜好或季節搭配。

＊選用稠厚的優格，味道更好。

＊冷藏後食用風味更佳。

靚麗的椰子碗

椰子水果沙拉

特色

多種形態的椰子，將椰子的香甜展現得淋漓盡致，搭配上斑斕的熱帶水果，就成為一道靚麗的沙拉碗。椰子汁中富含維生素E，能改善血液循環，使肌膚紅潤。

做法

① 椰子打開小洞，倒出椰子汁（做其他用），一劈為二，修整成椰子碗。

② 香蕉去皮，斜切成1公分的厚片。

③ 木瓜和芒果分別去皮，切成適口的小塊。

④ 紅心芭樂切成適口的小塊。

⑤ 將椰子冰淇淋放入椰子碗中打底，頂部抹平。

⑥ 擺上香蕉、紅心芭樂、木瓜、芒果，撒上椰子片即可。

熱量

583大卡/人份

材料（2人份）

椰子	1顆
椰子片	20克
椰子冰淇淋	適量
香蕉	1根
芒果	1/2顆
木瓜	1/4顆
紅心芭樂	1顆

美味關鍵

＊椰子冰淇淋也可以用香草冰淇淋或芒果冰淇淋代替。

＊水果可以替換成自己喜歡的品種，建議選擇熱帶水果。

＊椰子碗可以選用市售的現成品或讓店家代為處理。

典雅而神秘
薰衣草風味黃桃蘋果梨沙拉

特色

薰衣草的氣味非常具有辨識度，常被用於烹飪、甜點和花草茶中。將薰衣草運用在這道沙拉中，使其成為一道非常典雅的甜點沙拉。黃桃富含維生素E、胡蘿蔔素，具有潤膚抗衰老的作用。

做法

❶ 將蘋果、梨、黃桃分別洗淨，去皮、去核，切成半月形。

❷ 將乾薰衣草用茶包包好。

❸ 將黃桃、蘋果、梨、白砂糖、檸檬汁、薰衣草茶包、適量清水放入小鍋中，大火煮開。

❹ 小火煮10分鐘，用湯匙撈去表面浮沫，關火靜置至涼。加入蜂蜜攪勻。

❺ 裝盤，可搭配鮮奶油或香草冰淇淋享用。

熱量

370大卡/人份

材料 (2人份)

黃桃	1顆
蘋果	1顆
梨	1顆
乾薰衣草	1克
白砂糖	30克
檸檬汁	1茶匙
蜂蜜	適量
鮮奶油或香草冰淇淋	適量

美味關鍵

＊在步驟4煮好後立即裝入乾淨無水無油的玻璃瓶中，擰緊瓶蓋倒扣，待充分冷卻後放入冰箱冷藏，可保存1個月。

＊薰衣草香氣濃郁，使用量不宜過多，可以搭配適量洋甘菊或紅茶一起熬煮。

3
CHAPTER

滋補
養容顏

特色

烤過的水果更加甜潤，適合寒性體質者食用。不僅是做沙拉，也非常適合做為東南亞料理的餐後甜點。水果的品種並不拘泥，本身成熟度不夠高的水果也可以用這種方式處理，細細品嘗和自然成熟的水果不同的風味。

熱量

208大卡/人份

材料（2人份）

鳳梨	1/2顆
木瓜	1/2顆
芒果	1/2顆
百香果	2顆
椰漿	30毫升
冰糖	1小塊

烤過的水果更甜潤

熱帶烤水果沙拉

做法

❶ 將鳳梨、木瓜分別削皮，切成方便食用的厚片。

❷ 芒果去皮，切成小塊。

❸ 百香果切開，取汁（留籽），和芒果塊放入小鍋中，加入冰糖，中火煮15分鐘，至芒果粒透明，略微濃稠，關火冷卻。

❹ 將條紋牛排煎鍋（也可使用平底鍋）充分燒熱，放入鳳梨和木瓜烙出條紋，表面顏色變淺，取出。

❺ 在盤底淋上椰漿，擺上烤好的鳳梨和木瓜，淋上熬好的百香果芒果醬即可。

美味關鍵

＊烤過的水果質地會變得柔軟，建議不要選擇成熟度太高的木瓜。

＊也可以加入自己喜好的水果，例如奇異果、楊桃等。

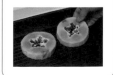

百合番薯板栗溫沙拉

特色

這是一款符合養生哲學的溫沙拉，不用擔心常見的冷食沙拉使身體寒涼。百合清潤、番薯香甜、板栗綿軟。這不僅是沙拉，也是養生甜點。

做法

❶ 番薯連皮充分洗乾淨，番薯和板栗仁放入蒸鍋中蒸熟。

❷ 番薯切成可以一口食用的滾刀塊，板栗仁一切為二。

❸ 百合剝成片，剔除不可食用的部分，洗淨。

❹ 在大碗中放入瑞可達乳酪、優格、檸檬汁，攪打成順滑的糊狀。

❺ 加入番薯和板栗混合均勻，裝盤。

❻ 擺上新鮮百合瓣即可。根據口味添加蜂蜜。

熱量

398大卡/人份

材料 (2人份)

番薯	300克
板栗仁	10顆
新鮮百合	1顆
瑞可達乳酪	80克
優格	20毫升
檸檬汁	5毫升
蜂蜜	適量

美味關鍵

＊如果使用新鮮酸奶油味道更佳。可使用120克新鮮酸奶油代替瑞可達乳酪、優格、檸檬汁。

＊如果使用烤番薯，可以將烤番薯連皮一切為二，將其他材料混合後放在番薯上。

愛上胡蘿蔔的理由

蜂蜜奶油烤胡蘿蔔沙拉

特色

烤過的胡蘿蔔柔軟香甜,消化吸收率高,更加滋補。胡蘿蔔中的胡蘿蔔素是一種脂溶性維生素,建議烹飪時一定要使用油脂,如果不使用奶油,也可用橄欖油或清淡的葡萄籽油。

做法

❶ 將迷你胡蘿蔔處理乾淨,去皮。

❷ 烤箱預熱160℃,放入榛果烤8分鐘,取出放涼,粗略切碎。

❸ 將奶油在室溫下軟化,和蜂蜜混合。

❹ 將胡蘿蔔放在烤盤上,刷上混合的蜂蜜奶油,160℃烤15分鐘,至胡蘿蔔柔軟。

❺ 將胡蘿蔔趁熱裝盤,撒上榛果碎即可。

熱量

258大卡/人份

材料（2人份）

彩色迷你胡蘿蔔	20顆
奶油	20克
流質蜂蜜	20克
榛果	30克

美味關鍵

＊如果不使用迷你胡蘿蔔,可以將普通胡蘿蔔切成粗條狀代替。

＊使用楓樹糖漿代替流質蜂蜜風味更佳。

川菜變身沙拉
宮保風味蝦球沙拉

特色

經典的川式料理用沙拉的方式來詮釋，風味更細膩，熱量更低，也能搭配更多的蔬菜。杏鮑菇營養十分豐富，是滋補養生的好食材。

做法

❶ 將蝦去頭、去殼，保留尾巴。從背部劃一刀，取出蝦線，洗乾淨。

❷ 將蝦仁放入碗中，加入鹽和黑胡椒碎醃10分鐘。

❸ 杏鮑菇切成2公分的塊狀。小黃瓜切成1公分的塊狀。

❹ 將陳醋、白砂糖、醬油、料理米酒、香油混合成醬汁。

❺ 在小鍋中放入植物油，加入蒜片炸變色，放入乾花椒和乾紅辣椒段，立刻關火。加入調好的醬汁，開小火煮開，關火。放涼即成宮保風味沙拉醬。

❻ 平底鍋燒熱，加入適量植物油，放入蝦仁煎熟，取出。再放入杏鮑菇粒，翻炒至熟，取出略微放涼。

❼ 將小黃瓜、杏鮑菇、蝦仁、油炸花生米放入盤中，淋上熬好的宮保風味沙拉醬即可。

熱量

310大卡/人份

材料（2人份）

鮮蝦	20隻
杏鮑菇	200克
水果小黃瓜	2根
油炸花生米	1湯匙
陳醋	20毫升
白砂糖	25克
鹽	1/2茶匙
黑胡椒碎	1/2茶匙
醬油	1茶匙
料理米酒	1茶匙
香油	2茶匙
植物油	1湯匙
蒜片	3片
乾紅辣椒段	2茶匙
乾花椒	5粒

美味關鍵

蝦仁也可以用雞肉代替，或只使用杏鮑菇做出素沙拉。

甜點界的驚豔組合
玫瑰荔枝草莓沙拉

特色

荔枝的甜、草莓的酸、玫瑰的馥郁，組合成一種巧妙而驚豔的搭配。玫瑰不僅芳香怡人，還能美容養顏，潤膚輕身，非常適合女性食用。請務必選用可食用的品種，新鮮或糖漬的玫瑰皆可。

熱量

230大卡/人份

材料 (2人份)

荔枝罐頭	20顆
草莓	1盒（125克）
玫瑰花瓣	30克
蜂蜜	20毫升

做法

❶ 取20克玫瑰放入小鍋中，加50毫升水，大火煮開，待玫瑰花瓣透明即關火，待涼至60℃左右時加入蜂蜜，靜置冷卻，即成玫瑰糖漿。

❷ 將草莓洗淨，切成四等份。

❸ 將荔枝罐頭瀝乾水分。

❹ 取一個深盤，在底部放入玫瑰糖漿，放入荔枝和草莓，撒上剩餘的玫瑰花瓣即可。

美味關鍵

＊荔枝的果期短，沒有新鮮荔枝時，可以使用荔枝罐頭，也非常美味。

＊如果沒有新鮮的玫瑰花瓣，可以使用乾花或使用玫瑰醬。

特色

百合與蓮子是常在羹湯裡出現的搭檔。肥厚的百合脆甜無苦味，清潤消暑；蓮子養心安神，做為沙拉食材也十分適合。

熱量

140大卡/人份

材料 (2人份)

新鮮百合	1顆
乾蓮子	50克
甜豆	200克
基礎油醋醬	1湯匙
蜂蜜	1茶匙
鹽	少許

從羹湯到沙拉
百合蓮子甜豆沙拉

做法

❶ 將蓮子提前一夜泡發，在小鍋中加水煮熟，撈出瀝乾水分。

❷ 百合掰成小片，削去不可食的部分，清水洗乾淨。

❸ 甜豆處理乾淨，煮滾一鍋水，加入少許鹽，放入甜豆燙熟，撈出瀝乾水分。

❹ 在大碗中放入基礎油醋醬和蜂蜜調和均勻，加入蓮子和甜豆拌勻，裝盤，撒上百合即可。

美味關鍵

＊如果使用新鮮蓮子，可省略煮的步驟，味道更清新爽口。

＊甜豆也可以用荷蘭豆代替，但一定要確保豆類烹煮至完全熟透。

塔帕斯的好味道
西班牙風味蘑菇蝦沙拉

特色

西班牙塔帕斯（tapas）中常用橄欖油和蒜烹煮蝦、蘑菇，香味和鮮味都融入到油中，是天然美味的沙拉油，簡單地淋在沙拉上就很美味。請選用特級初榨橄欖油，橄欖油是一種冷榨的植物油，不飽和脂肪酸含量高，能保護心血管系統，潤澤肌膚。

做法

❶ 將蝦剪去頭部的鬚，洗淨瀝乾水分。

❷ 蘑菇洗淨，一切為二。

❸ 羅馬生菜洗淨，瀝乾水分，隨意地切成方便食用的大片。

❹ 鍋燒熱，加入橄欖油，放入蒜片煸至金黃，加入百里香和乾紅辣椒爆出香味。

❺ 放入蝦和蘑菇煎熟，用鹽和黑胡椒碎調味，關火，略微放涼。

❻ 將羅馬生菜擺入盤中，放入炒好的蝦和蘑菇（連同油和湯汁），擠上檸檬汁，撒上歐芹碎即可。

熱量

280大卡/人份

材料（2人份）

鮮蝦	12隻
蘑菇	300克
羅馬生菜	1棵
蒜片	1湯匙
百里香	1枝
特級初榨橄欖油	2湯匙
乾紅辣椒	2顆
歐芹碎	1茶匙
檸檬	1顆
鹽	適量
黑胡椒碎	適量

美味關鍵

使用白玉菇、鴻喜菇、舞茸等養殖菌類代替蘑菇同樣美味。可以一種或多種混合使用。

溫暖的蒸蔬菜

芝麻風味溫蔬菜沙拉

104

特色

溫熱的蔬菜非常適合搭配芝麻沙拉醬，對於蔬菜的處理，蒸燙皆可，蒸的柔軟、燙的清脆，兩種都很美味。這道沙拉選擇的都是纖維豐富、熱量低的蔬菜。芥藍富含維生素C、蛋白質和鈣質，熱量卻極低。

做法

❶ 高麗菜撕成一口大小，芥藍削去老皮，斜切成1公分的片。

❷ 荷蘭豆處理乾淨，玉米筍削去不可食的部分。

❸ 煮滾一大鍋水，放入適量鹽。依序分別放入玉米筍、白果、高麗菜、芥藍片、荷蘭豆氽燙熟，撈出瀝乾水分。

❹ 將燙好的蔬菜混合均勻，趁熱裝入盤中，淋上芝麻沙拉醬即可。

熱量

139大卡/人份

材料（2人份）

芥藍	100克
白果	20顆
高麗菜	100克
荷蘭豆	50克
玉米筍	50克
芝麻沙拉醬	1湯匙
鹽	適量

美味關鍵

蔬菜可以換成自己喜歡的品種，菜心、花椰菜、菜花都很適合。

芝麻沙拉醬

沙拉醬索引　　　　　021頁

發酵的藝術

黑蒜秋葵蔬菜沙拉

特色

黑蒜是蒜經過長時間發酵和熟成的產物，具有抗氧化和提高免疫力的功效。甜軟糯的口感，完全顛覆了人們對於蒜的想像。

材料（2人份）

秋葵	100克
山藥	100克
蓮藕	100克
黑蒜	30克
芝麻沙拉醬	1湯匙
鹽	適量

做法

❶ 將蓮藕和山藥分別洗淨削皮。山藥斜切成1公分的厚片；蓮藕一切為二，再切成1公分厚的片。

❷ 煮滾一大鍋水，放入適量鹽。依序分別放入蓮藕、山藥、秋葵汆燙熟，撈出瀝乾水分。

❸ 將秋葵切去頭尾，斜切成1公分厚的片。黑蒜切成0.5公分厚的片。

❹ 將蓮藕和山藥放入盤中打底，放上秋葵，擺上黑蒜，淋上沙拉汁即可。

美味關鍵

＊因為秋葵和山藥的黏液都比較多，汆燙時鍋中的水要多一點，吃起來口感會比較好。

＊切一些黑蒜混入沙拉醬中，口味會更豐富。

芝麻沙拉醬

沙拉醬索引　　　　　021頁

熱呼呼的豆腐排
烤豆腐排沙拉

特色

整塊的烤豆腐排，淋上豐富的配料，成為飽足感強的一款主菜沙拉。大豆中的大豆異黃酮是一種植物雌激素，能幫助女性調理內分泌、緩解更年期綜合症、延緩衰老。

做法

❶ 將豆腐四周都拍上薄薄的一層太白粉。

❷ 平底鍋燒熱，加入少許油潤鍋，放入豆腐，煎至顏色金黃（每一面都要煎），取出，放在烤盤上。

❸ 將豆腐放入烤箱，160℃烤8分鐘。

❹ 培根和洋蔥分別切成小塊。京水菜洗淨瀝水，切成段。

❺ 將平底鍋燒熱，放入1茶匙植物油，放入洋蔥和培根煸炒出香味，放入豌豆，用黑胡椒碎、醬油、味醂調味，不用收乾，保留湯汁做為沙拉醬。

❻ 將烤好的豆腐排擺在盤子上，將步驟5中炒好的料淋在上方，旁邊配上京水菜即可。

熱量

333大卡/人份

材料（2人份）

豆腐	2塊（每塊150克）
培根	2片
豌豆	20克
洋蔥	1/2顆
京水菜	50克
植物油	1湯匙
太白粉	2茶匙
淡口醬油	1湯匙
黑胡椒碎	2克
味醂	1茶匙

美味關鍵

＊如果不使用京水菜，也可以用其他沙拉用蔬菜代替。

＊味醂可以用料理米酒加少許糖代替。

脆嫩回甘的茴香頭

開心果松子蠶豆茴香沙拉

特色

茴香頭風味獨特，鮮嫩質脆，味道清甜，含茴香醚、茴香酮、茴香醛等揮發油，有明顯的小茴香香氣。茴香頭含胡蘿蔔素、維生素C和人類必需的多種胺基酸，有護膚養顏等食療功效。

做法

❶ 將茴香頭一切為二，切成極薄的片，在冷水中反覆淘洗幾次，浸泡20分鐘，撈出瀝乾水分。

❷ 烤箱預熱160℃，放入松子仁烘烤5分鐘，開心果仁烘烤8分鐘，取出放涼。

❸ 燒一小鍋開水，加入少許鹽，放入蠶豆煮熟，撈出瀝乾水分。

❹ 將茴香頭片放入盤中當作基底，擺上蠶豆，淋上油醋醬，撒入開心果仁和松子仁即可。

熱量

273大卡/人份

材料（2人份）

蠶豆	100克
茴香頭	1顆
開心果仁	30克
松子仁	20克
基礎油醋醬	1湯匙
鹽	少許

美味關鍵

＊開心果仁以顏色深墨綠色、油潤有光澤為佳。

＊這款沙拉使用柑橘油醋醬會更加美味。

基礎油醋醬

沙拉醬索引　　　　　017頁

芒果莎莎醬金槍魚沙拉

特色

用芒果製成的清爽的莎莎醬，最適合搭配柔嫩鮮美的金槍魚。
金槍魚是一種脂肪含量少、熱量低的海魚，也是優質蛋白質的
來源，含有人體必需的8種胺基酸，礦物質也非常豐富。

做法

❶ 芒果去皮去核，切成小塊。

❷ 洋蔥去皮，水果小黃瓜、
番茄洗淨，分別切成小塊。

❸ 取一個大碗，放入切好的
芒果、水果小黃瓜、番茄、洋
蔥，加入檸檬汁、甜辣醬、橄
欖油、歐芹碎、海鹽、黑胡椒
碎，拌勻製成莎莎醬。

❹ 將金槍魚刺身切成1公分厚
的片，裝入盤中。

❺ 將綜合生菜放入盤中，配
上莎莎醬即可。

熱量

442大卡/人份

材料（2人份）

金槍魚刺身	300克
綜合生菜	100克
芒果 1顆（約200克）	
水果小黃瓜	1根
番茄	1顆
洋蔥	1/4顆
歐芹碎	1湯匙
檸檬汁	2茶匙
橄欖油	1湯匙
甜辣醬	2茶匙
海鹽	少許
黑胡椒碎	少許

美味關鍵

可以用鮭魚、甜蝦等生
食級海鮮代替金槍魚。

風靡世界的健康料理

夏威夷風鮭魚
裙帶菜糙米波奇

特色

來自夏威夷的波奇飯近幾年風靡世界，海藻、海魚、米飯、水果的搭配，營養均衡而美味。鮭魚含有豐富的不飽和脂肪酸，能有效降低血脂和血膽固醇，防治心血管疾病、延緩機體衰老。

做法

熱量

456大卡/人份

材料（2人份）

生食級鮭魚	200克
酪梨	1/2顆
乾裙帶菜	5克
糙米	100克
白洋蔥絲	20克
泰式甜辣醬	1茶匙
刺身醬油	2茶匙
壽司醋	2茶匙
香油	1茶匙
蔥花	1茶匙

❶ 將糙米提前一夜浸泡好。

❷ 將糙米洗好，放入電鍋中炊煮成飯。

❸ 將煮好的糙米飯趁熱放入小碗中，拌上1茶匙壽司醋。

❹ 將白洋蔥絲加入1茶匙壽司醋，醃漬至軟。

美味關鍵

可以用大麥或薏仁代替糙米。

❺ 裙帶菜用淨水泡發，洗淨瀝乾水分。

❻ 將裙帶菜放入醃洋蔥的小碗中拌勻，加入香油。

❼ 鮭魚切成2公分的塊狀。

❽ 將酪梨切成薄片。

❾ 將鮭魚加入刺身醬油、泰式甜辣醬混合均勻。

❿ 將拌好的糙米飯放入碗中打底，在上方放入酪梨、拌好的鮭魚、裙帶菜、洋蔥絲，撒上蔥花即可。

繊維多多的主食
烤南瓜小米榛果沙拉

特色

甜糯的栗子南瓜與小米，撒上香脆的榛果，就成為營養豐富的主食沙拉。南瓜富含維生素A、維生素B群及多種礦物質，是很好的保健食材，常吃可使肌膚豐美。

做法

❶ 小米洗乾淨，放入小碗，加入淹過小米的清水，上鍋蒸20分鐘。

❷ 將蒸好的小米趁熱加入1茶匙基礎油醋醬，拌勻，放涼備用。

❸ 栗子南瓜洗淨，連皮切成厚片。

❹ 烤箱預熱160℃，將南瓜片平鋪在不沾烤盤上，撒上鹽、黑胡椒碎，用毛刷刷上少許橄欖油，入烤箱烤約15分鐘，取出備用。

❺ 烤箱160℃，榛果放在烤盤上，入烤箱烤10分鐘，取出放涼。

❻ 綜合生菜放在盤中打底，放入烤好的南瓜，撒上小米和榛子，淋上剩餘油醋醬即可。

熱量

345大卡/人份

材料（2人份）

栗子南瓜	1顆（約200克）
小米	50克
綜合生菜	100克
榛果	50克
鹽	1克
橄欖油	少許
黑胡椒碎	少許
基礎油醋醬	1湯匙

美味關鍵

用番薯替換栗子南瓜也很美味。

沙拉醬索引　　　017頁

基礎油醋醬

藏在酪梨裡的驚喜
番薯酪梨沙拉

118

特色

番薯香甜軟糯、酪梨油潤細膩，兩種口感柔軟的食材，放入酪梨內焗烤，每一口都能嘗到驚喜。酪梨營養價值很高，含脂肪酸、蛋白質、多種維生素和礦物質，有森林奶油的美稱。

做法

❶ 將番薯去皮，切成1公分的塊狀。

❷ 將番薯粒放入碗中，加入鹽、黑胡椒碎、橄欖油混合均勻。

❸ 烤箱預熱160℃。將番薯粒放入不沾烤盤上，送入烤箱。

❹ 烘烤約15分鐘，至表面焦黃，取出，略微放涼。

❺ 酪梨去核、去皮（皮保存完整，留用），切成1公分的塊狀。

❻ 將酪梨放入小碗中，拌上檸檬汁防止氧化。

❼ 將酪梨塊、番薯塊、玉米粒、蛋黃醬混合均勻。

❽ 將步驟7中的料重新填回酪梨果皮中，在上方鋪上起司片。

❾ 放入200℃的烤箱烤約5分鐘，待起司融化即可取出裝盤。

熱量

385大卡/人份

材料（2人份）

番薯	2顆（300克）
酪梨	1顆
玉米罐頭	40克
蛋黃醬	2茶匙
橄欖油	1茶匙
檸檬汁	2克
鹽	少許
黑胡椒碎	少許
起司片	2片

美味關鍵

也可以將番薯直接蒸熟或煮熟。但烤番薯更香更柔軟。

烤肉板栗高麗菜沙拉

特色

將烤肉變成沙拉，在吃肉的同時還能攝取蔬菜，營養更均衡。板栗含有核黃素，能促進細胞發育和再生，常吃栗子能促進皮膚細胞生長，改善皮膚粗糙，達到美容功效。

做法

❶ 鮮香菇洗淨，切成厚片。

❷ 板栗仁蒸熟，放涼，切成小塊。

❸ 高麗菜切成極細的絲，用淨水浸泡20分鐘，取出瀝乾水分。

❹ 鍋內加油燒熱，放入香菇片和豬肉片煎熟，撒上鹽和黑胡椒碎，取出。

❺ 在鍋中再加2茶匙油，放入洋蔥末和蒜末爆香。加入日式燒肉汁和少許清水，煮開，關火稍微放涼。

❻ 將高麗菜絲放在盤中打底，鋪上煎好的香菇和豬肉片，淋上步驟5中煮好的燒肉汁，撒上板栗仁即可。

熱量

349大卡/人份

材料（2人份）

烤肉用豬肉薄片	100克
鮮香菇	5朵
高麗菜	1/4顆（約200克）
板栗仁	50克
鹽	2克
黑胡椒碎	2克
日式燒肉汁	20毫升
植物油	適量
洋蔥末	2茶匙
蒜末	1茶匙

美味關鍵

因為食用時溫度較低，油脂容易凝結，建議選擇較瘦、脂肪較少的豬肉部位，或使用牛肉也非常好吃。

品嘗蘆筍自然的味道

松子乳酪蘆筍沙拉

特色

削得薄薄的蘆筍片，撒上香氣濃郁的松子仁、奶香四溢的帕馬森乾酪，簡單的調味就能品嘗到蘆筍的清甜味道。乳酪是牛奶濃縮的產物，營養價值極高，是滋補養身的極佳選擇。

熱量

377大卡/人份

材料（2人份）

蘆筍	400克
松子仁	50克
帕馬森乾酪	5克
檸檬汁	2茶匙
特級初榨橄欖油	1湯匙
海鹽	少許
黑胡椒碎	少許

做法

❶ 烤箱預熱160℃，放入松子仁烤5分鐘，取出放涼。

❷ 蘆筍削去老皮，平鋪在砧板上，用削皮刀從尾部至尖部削成片。

❸ 將蘆筍片放入大碗中，加入檸檬汁、橄欖油、海鹽和黑胡椒碎拌勻，靜置5分鐘使之入味。

❹ 將蘆筍裝盤，用刨刀刨下乾酪薄片，和松子仁一起撒在蘆筍上即可。

美味關鍵

蘆筍是種很適合生食的蔬菜。這道沙拉中的蘆筍沒有經過加熱，但經過醃漬，蘆筍的生腥氣味已經很弱，不會有讓人不舒服的味道。如果不喜歡生蘆筍，可將蘆筍片放入微波爐高火轉30秒。

特色

自己熬出香甜微苦的焦糖奶油醬，沾著香蕉片吃，還能吃到粒粒的碧根果，甜、軟、糯、脆，帶給你豐富的口感與味覺體驗，適合做為甜點沙拉。香蕉富含維生素A，能促進生長，增強人體免疫力。

熱量

212大卡/人份

材料（2人份）

香蕉	3根
碧根果仁	50克
細砂糖	25克
淡奶油	25克

無法抗拒的味道
焦糖奶油碧根果
香蕉沙拉

做法

❶ 在小鍋中放入細砂糖和10克冷水，小火煮開（不要攪拌）。

❷ 待顏色呈現焦糖色，加入淡奶油攪拌，離火，使之冷卻，即成焦糖奶油醬。

❸ 烤箱預熱160℃，放入碧根果烘烤10分鐘，取出放涼。

❹ 香蕉去皮切片，擺入盤中，淋上焦糖奶油醬，撒上碧根果即可。

美味關鍵

＊焦糖奶油醬太少很難制作，建議一次多做一些。冷藏可保存2週。

＊將碧根果換成榛果也非常好吃。

＊如果不使用淡奶油，可以用等量熱水代替，製作焦糖醬時請小心，以色因為糖漿飛濺而燙傷。

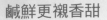
鹹鮮更襯香甜

煙燻香腸洋蔥
孢子甘藍沙拉

特色

油潤的香腸，煮得軟軟的甘藍球，鹹鮮的口味讓甘藍的甜味分外明顯。甘藍含有優質蛋白質、膳食纖維、多種礦物質及維生素等，常吃甘藍可以補充營養，強身健體。

做法

❶ 孢子甘藍洗淨，一切為二，洋蔥切成小方片。

❷ 鍋燒熱，加入少許植物油，轉中火，放入孢子甘藍和洋蔥片煎熟，用鹽和黑胡椒碎調味。

❸ 煙燻香腸切成2公分長的段。

❹ 將孢子甘藍、洋蔥、煙燻香腸放入盤中，淋入油醋醬即可。

熱量

336大卡/人份

材料（2人份）

即食煙燻香腸	2根
	（約80克）
孢子甘藍	200克
白洋蔥	1/2顆
巴薩米克橄欖油醋醬	1湯匙
植物油	適量
鹽	適量
黑胡椒碎	適量

美味關鍵

＊如果沒有煙燻香腸，選擇任意一種即食香腸都能搭配出很好的味道。

＊孢子甘藍較硬，要多煮一些時間才能使口感柔軟。如果不使用孢子甘藍，可以用撕成小塊的紫甘藍代替。

沙拉醬索引　　018頁

巴薩米克橄欖油醋醬

迷迭香烤馬鈴薯
酪梨醬沙拉

特色

烤得外焦內軟的小馬鈴薯，沾上爽滑的酪梨醬，一口一顆，吃得很過癮。馬鈴薯比白米、麵粉的營養更加全面，營養結構也更為合理，能供給人體大量的熱量，是物美價廉的保健食材。

做法

❶ 將小馬鈴薯連皮洗乾淨，切成方便食用的大塊，放在不沾烤盤上，撒上1克海鹽、2克黑胡椒碎、橄欖油，放入迷迭香。

❷ 烤箱預熱160℃，將馬鈴薯放入烤15～20分鐘，至熟透且表面略微焦黃取出。

❸ 將酪梨去皮去核，放入碗中，加入檸檬汁防止氧化變色，用叉子壓成泥狀（不用很順滑，有顆粒會比較有口感）。

❹ 番茄切成小塊，墨西哥辣椒去籽切碎，連同洋蔥碎一起放入酪梨泥中，用剩下的海鹽和黑胡椒碎調味。

❺ 將馬鈴薯裝盤，配上做好的酪梨醬即可。

熱量

349大卡/人份

材料（2人份）

小馬鈴薯	400克
迷迭香	2枝
酪梨	1顆
番茄	1/2顆
檸檬汁	1茶匙
海鹽	1/2茶匙
黑胡椒碎	1/2茶匙
墨西哥辣椒	1顆
紅洋蔥碎	10克
橄欖油	1湯匙

美味關鍵

如果使用大馬鈴薯，請削皮後切成小滾刀塊。

活力
維生素

特色

烤過的蔬菜柔嫩多汁,味道層次豐富,不論是做為牛排的配菜或單獨做為一道主菜沙拉都很適合。蘆筍富含葉酸,葉酸也叫維生素B$_9$,有促進骨髓中幼細胞成熟的作用,可預防貧血。

熱量

125大卡/人份

材料 (2人份)

蘆筍	10根
小番茄	10顆
羅馬生菜	1棵
橄欖油	1湯匙
海鹽	1茶匙
黑胡椒碎	少許
混合乾香草	1克

爆汁烤蔬果
烤番茄蘆筍沙拉

做法

❶ 將蘆筍削去尾部老皮,切掉不可食用的部分。

❷ 將羅馬生菜一切為二,小番茄保留蒂頭,一同洗淨。

❸ 將蘆筍、番茄、羅馬生菜(切口朝上)放入烤盤中,撒上海鹽和黑胡椒碎、混合乾香草,淋上橄欖油。

❹ 放入180℃的烤箱烤10～15分鐘,至蘆筍表面起皺,番茄表面起皺裂口,羅馬生菜切口焦黃,取出裝盤即可。

美味關鍵

＊混合乾香草可選用普羅旺斯或義式混合香草。沒有可省略,或用新鮮百里香枝代替。

＊羅馬生菜是少數適合烘烤的生菜,很多生菜品種過於纖細、水分充足,不適合烘烤。如果沒有羅馬生菜,可以用高麗菜代替。

百香果淺漬沙拉

特色

百香果神祕濃烈的香氣是天然的鎮定劑，能舒緩神經緊張。百香果中的維生素C十分豐富，能增強人體免疫力，其強烈的酸甜味是天然的泡菜風味調味料。

做法

❶ 將水果小黃瓜洗淨切片；高麗菜洗淨，撕成適口的大小。

❷ 青木瓜去皮去籽，切成厚片。

❸ 將木瓜片、小黃瓜片、高麗菜一同放入密封袋中。

❹ 百香果一切為二，小心地收集果汁和籽，一同裝入小碗中。

❺ 在百香果汁中加入葡萄酒醋、橄欖油、黑胡椒碎、鹽，根據自己的口味用蜂蜜調整酸甜度，混合均勻。

❻ 將混合好的醬汁一同放入裝蔬菜的密封袋中，放入冰箱冷藏30分鐘，其間揉搓幾次，使味道更均勻。

❼ 裝盤即可。

熱量

175大卡/人份

材料（2人份）

百香果	2顆
水果小黃瓜	1根
青木瓜	1/2顆
高麗菜	2片
葡萄酒醋	1/2湯匙
流質蜂蜜	適量
特級初榨橄欖油	1/2湯匙
鹽	1茶匙
黑胡椒碎	少許

美味關鍵

延長醃漬時間，也可以做為一道清爽的小菜。

柔軟而豐盈
香蔥番茄莎莎醬
烤茄子沙拉

特色

連皮烤好的茄子柔軟而汁水豐盈,淋上番茄和細香蔥調味的莎莎醬,清爽不油膩,冰鎮後食用口感更好。茄子富含維生素P,能增強毛細血管的彈性,防止微血管破裂出血。

熱量

135大卡/人份

材料(2人份)

長茄子	2根
番茄(熟透)	2顆
細香蔥末	5克
基礎油醋醬	1湯匙

做法

❶ 將整顆茄子放入無油平底鍋中,大火將表皮燒焦(若有烤架,可直接將烤架置於爐灶上,放上茄子以大火上炙燒)。

❷ 將燒好的茄子趁熱放進冰水中,快速剝去外皮。

❸ 取出用廚房用紙吸乾表面水分,切成長5公分的條。

❹ 在番茄頂部劃上十字。

❺ 煮一鍋熱水,放入番茄,待皮燙裂開時,撈出,放入冰水中,剝皮備用。

❻ 取出用廚房用紙吸乾表面水分,切成小塊。

❼ 將番茄塊、香蔥末、基礎油醋汁一同放入小碗中拌勻成番茄莎莎醬。

❽ 將切好的茄子擺在盤子上,淋上番茄莎莎醬即可。

美味關鍵

＊可以根據喜好添加羅勒、歐芹、香菜等新鮮香草,香味更豐富。

＊細香蔥也叫蝦夷蔥,比我們常用的香蔥風味和形態都更為纖細,通常只使用蔥綠部分。如果使用香蔥,請用量減半甚至更少。

沙拉醬索引　　　017頁

基礎油醋醬

高級餐廳的精緻前菜

柑橘燻鮭魚
羅馬生菜沙拉

特色

煙燻香氣的鮭魚,與清脆的羅馬生菜搭配,淋上柑橘油醋醬,是一道宛如高級餐廳前菜般的精緻沙拉。羅馬生菜及柳橙、葡萄柚均富含維生素C,有美白功效。

做法

❶ 羅馬生菜撕成適合入口的大小。用清水洗淨,浸泡10分鐘,取出瀝乾水分。

❷ 柳橙和葡萄柚分別去皮,取果肉瓣。

❸ 酪梨去皮、去核,切成小塊。

❹ 酸奶油加入少許蒔蘿碎、海鹽、黑胡椒碎混合均勻。

❺ 取一個大平盤,在盤中放入酪梨粒、調好的酸奶油、燻鮭魚片,上方用蒔蘿葉子做裝飾。

❻ 將柳橙瓣、葡萄柚瓣、羅馬生菜鬆散地撒在四周,淋上柑橘油醋汁即可。

熱量

363大卡/人份

材料 (2人份)

柳橙	1顆
葡萄柚	1/2顆
酪梨	1/2顆
羅馬生菜	1棵
燻鮭魚片	100克
酸奶油	50克
蒔蘿碎	少許
海鹽	少許
黑胡椒碎	少許
柑橘油醋醬	1湯匙

美味關鍵

＊蒔蘿是一種類似於茴香的新鮮香草,常常用來和魚類、酸奶油搭配,沒有可省略,或使用極少量的茴香、羅勒代替。

沙拉醬索引　　　　019頁

柑橘油醋醬

西瓜烤著吃

黑醋西瓜菲達乳酪沙拉

特色

用黑醋的酸、菲達乳酪的鹹來凸顯西瓜的甜。西瓜清脆多汁，富含多種維生素，可潤澤肌膚，美白養顏。

熱量

260大卡/人份

材料（2人份）

西瓜	300克
油浸風乾番茄	20克
菲達乳酪	30克
濃縮黑醋汁	少許
開心果仁	10克

做法

❶ 將西瓜切成約2公分的塊狀。

❷ 油浸風乾番茄切成粗絲。菲達乳酪切成塊。

❸ 烤箱預熱160℃，開心果仁放入烤箱烤10分鐘，取出放涼，粗略切碎。

❹ 將西瓜塊放入盤中打底，撒上風乾番茄絲、菲達乳酪碎、撒上開心果，淋上濃縮黑醋汁即可。

美味關鍵

不宜選用過熟的西瓜，以甜而不沙的為宜。

特色

用羅勒的香味來豐富水果的風味層次,是種健康又簡單的做法。柳橙富含維生素C和胡蘿蔔素,可以抑制致癌物質的形成,還能軟化和保護血管。

熱量

134大卡/人份

材料 (2人份)

櫻桃番茄	12顆
柳橙	1顆
西瓜	100克
羅勒	5克
細砂糖	1茶匙
特級初榨橄欖油	1/2湯匙

羅勒增添層次

羅勒番茄西瓜沙拉

做法

❶ 柳橙去皮,切成半月形。

❷ 西瓜果肉切成1公分的塊狀,櫻桃番茄一切為二。

❸ 將櫻桃番茄、西瓜、柳橙加入細砂糖和特級初榨橄欖油混合均勻,覆上保鮮膜,放入冰箱冷藏30分鐘。

❹ 取出擺盤,放上羅勒葉即可。

美味關鍵

＊柳橙可以用葡萄柚或血橙代替。

＊也可將適量羅勒葉切碎後拌入沙拉中一起冷藏,羅勒風味釋出更為明顯。

每一層都有驚喜

橙香蛋黃醬蔬菜塔

特色

用柳橙果醬調味的蛋黃醬更加柔和，清爽的柑橘香氣非常適合
搭配蔬菜，特別添加了脆口的薯片，口感層次分明。胡蘿蔔中
的胡蘿蔔素，在人體中可轉化成維生素A，可維持眼睛和皮膚
的健康，改善夜盲症、皮膚粗糙等狀況。

做法

❶ 馬鈴薯削皮，整顆切成極薄的大片，在清水中反覆沖洗掉表層澱粉，用廚房紙巾吸乾表面水分。

❷ 燒一鍋油至160℃，放入馬鈴薯片炸脆，至顏色金黃，撈出瀝油。

❸ 將迷你胡蘿蔔和蘆筍削去表皮，切去不可食的部分。

❹ 煮一鍋水，放入1茶匙鹽，放入秋葵、迷你胡蘿蔔、蘆筍燙熟，撈出瀝乾水分。

❺ 將蘆筍、迷你胡蘿蔔、秋葵分別斜切成1公分厚的片，混合均勻。

❻ 將蛋黃醬和柳橙果醬混合製成橙香蛋黃醬。

❼ 將炸好的馬鈴薯片擺在盤底，放上步驟5中混合好的蔬菜，淋上橙香蛋黃醬，再放上一片馬鈴薯片。多堆幾層達到理想的高度。

❽ 四周點綴上綜合沙拉，淋上少許橙香蛋黃醬即可。

熱量

175大卡/人份

材料（2人份）

馬鈴薯	1顆
迷你胡蘿蔔	4根
蘆筍	4根
秋葵	4顆
綜合沙拉	20克
柳橙果醬	2茶匙
蛋黃醬	2茶匙
鹽	1茶匙

美味關鍵

可以使用市售的薯片代替炸馬鈴薯片。或使用更為健康的綜合蔬菜片。

品嘗食材天然的味道
和風一夜漬蔬菜沙拉

特色

僅用鹽醃漬蔬菜的做法最能品嘗到食材天然的味道，脫掉部分水分後的清脆爽口，淡淡的檸檬香和昆布鮮味，令人越吃越上癮。小黃瓜富含維生素B群，但連皮吃補充維生素的效果才更好。

做法

❶ 在小鍋中放入海鹽、乾辣椒、昆布、細砂糖、穀物醋，小火慢慢煮化砂糖，即可關火，放涼製成醃漬汁。

❷ 水果小黃瓜、胡蘿蔔、杭茄、蘿蔔洗淨，分別一切為二，切成0.2公分厚的片狀。

❸ 高麗菜洗淨，手撕成適口大小的片。

❹ 將所有蔬菜裝入密封袋裡，放入煮好的醃泡汁和檸檬片，充分揉搓均勻，排掉袋內空氣，密封。冰箱冷藏靜置1夜。

❺ 將蔬菜取出，輕輕擠乾水分，取出檸檬片和昆布不用，裝盤即可。

熱量

175大卡/人份

材料（2人份）

水果小黃瓜	100克
高麗菜	100克
杭茄	100克
白蘿蔔	100克
胡蘿蔔	100克
海鹽	1茶匙
細砂糖	20克
穀物醋	30克
乾辣椒	1顆
昆布	1小片
檸檬	3片

美味關鍵

＊蔬菜種類可以根據季節和喜好自行搭配。

＊裝盤後淋上少許香油風味更佳。

＊海鹽用量為所有蔬菜重量的1.5%～2%，如果使用精製鹽請適度減少用量。

豐富的味覺體驗

核桃水梨芝麻菜沙拉

特色

水梨的清甜、芝麻葉的辛辣、核桃仁的堅果脂香，三種食材搭配出一道複合口味的沙拉。水梨富含水分及多種維生素，能夠潤喉止渴、改善呼吸系統，預防感冒。

熱量

438大卡/人份

材料（2人份）

核桃仁	50克
水梨	2顆
芝麻葉	100克
巴薩米克橄欖油醋醬	1湯匙

做法

❶ 將芝麻菜洗淨，用淨水浸泡15分鐘，取出用沙拉甩水器甩乾水分。

❷ 烤箱預熱160℃，將核桃仁放在烤盤上，送入烤箱，烘烤15分鐘，取出放涼。

❸ 水梨削皮，切成薄片。

❹ 將水梨和芝麻菜裝入碗中，撒上核桃仁，淋上巴薩米克橄欖油醋醬即可。

美味關鍵

＊市售的芝麻菜主要有闊葉和細葉兩種，以細葉最為常見。細葉芝麻菜味道濃郁，闊葉芝麻菜風味柔和。這道沙拉芝麻菜使用比例大，建議選用闊葉芝麻菜。如果覺得風味太過濃烈，可以適量混合其他品種的沙拉用生菜。

＊可以用西洋梨代替水梨。

特色

大片蔬菜調味後煎熟，淋上一點巴薩米克醋畫龍點睛。芽苗菜在發芽過程中，其營養物質倍增，含有豐富的維生素C，可以防治壞血病，且熱量低，水分足，富含膳食纖維。

熱量

139大卡/人份

材料（2人份）

茄子、櫛瓜、杏鮑菇	各1/2顆
紅甜椒	1顆
白洋蔥	1/2顆
大蒜片	5克
混合乾香草	2克
芽苗菜（豌豆苗）	50克
橄欖油	1湯匙
巴薩米克醋	2茶匙
鹽、黑胡椒碎	各少許

蔬果也能做主菜
義式時蔬沙拉

做法

❶ 將茄子、杏鮑菇、櫛瓜洗淨，分別切成1公分的厚片。

❷ 紅甜椒洗淨，削成片；洋蔥去皮，切成片。

❸ 將茄子、杏鮑菇、櫛瓜、甜椒、洋蔥放入大碗中，加入大蒜片、混合乾香草、鹽、黑胡椒碎、橄欖油混合均勻。

美味關鍵

杏鮑菇可以用平菇、香菇、蘑菇等新鮮菌菇代替。

❹ 將平底煎鍋燒熱，放入步驟3中的蔬菜煎熟，至顏色微微焦黃即可。

❺ 將煎好的蔬菜裝盤，擺上豌豆苗，淋上巴薩米克醋即可。

火腿無花果柳橙
芝麻菜沙拉

特色

辛辣的芝麻菜為底，鋪上新鮮清甜的無花果、鹹鮮的西班牙火腿，淋上油醋醬，便是一道適合配酒、宴會的沙拉。芝麻菜富含維生素C、維生素K和維生素A，可抵抗自由基，有抗氧化的作用。

做法

❶ 將芝麻菜洗淨，用淨水浸泡15分鐘，取出用沙拉甩水器甩乾水分。

❷ 將無花果洗淨，從頂部一切為四。

❸ 將柳橙去皮，取柳橙瓣備用。

❹ 將芝麻菜和無花果、柳橙裝入碗中，鋪上西班牙火腿片，淋上巴薩米克橄欖油醋醬即可。

熱量

282大卡/人份

材料（2人份）

無花果	4顆
柳橙	1顆
芝麻菜	100克
西班牙火腿	6片
巴薩米克橄欖油醋醬	1湯匙

美味關鍵

無花果，可選擇新鮮無花果、冷凍無花果乾或無花果乾。無花果分為煲湯用和直接食用兩種，請不要選擇煲湯用無花果，因為質地堅硬難以咀嚼。

巴薩米克橄欖油醋醬

沙拉醬索引　　　　　018頁

醋漬更鮮香

醋漬洋蔥番茄
山羊乳酪沙拉

特色

醋漬的洋蔥絲降低了辛辣味，並釋放出香味。洋蔥中的維生素E，是一種比較理想的抗氧化劑，能阻止老年斑的產生。

做法

❶ 將白洋蔥切絲。

❷ 將白洋蔥裝入碗中，加入穀物醋、橄欖油、少許鹽和部分黑胡椒碎醃漬1小時。

❸ 番茄洗淨，切成半月形。

❹ 山羊乳酪切成半月形。

❺ 將山羊乳酪和番茄交錯排在盤中，上方擺上醃漬好的洋蔥絲（連同湯汁），撒上剩餘黑胡椒碎即可。

熱量

212大卡/人份

材料（2人份）

番茄	2顆
白洋蔥	1/2顆
山羊乳酪	100克
穀物醋	1/2湯匙
特級初榨橄欖油	1/2湯匙
鹽	少許
黑胡椒碎	少許

美味關鍵

＊醃漬好的洋蔥可冷藏保存1週。

＊白洋蔥氣味相對溫和，甜味重；紅洋蔥較為辛辣，可以根據自己的喜好選擇。

層層疊疊
碧根果西洋菜梨塔

特色

軟糯香甜的西洋梨、辛辣的西洋菜、豐潤的碧根果，疊成梨塔，既可以做為沙拉，也可以做為精緻的小食。西洋菜在中餐中常做為煲湯食材，西餐中則常常做為沙拉菜，其富含維生素K，對骨骼保健特別有益。

做法

❶ 將西洋菜嫩葉洗淨，用淨水浸泡15分鐘，取出用沙拉甩水器甩乾水分。

❷ 將西洋梨洗淨，一切為四（保留蒂部）。

❸ 烤箱預熱160℃，將碧根果放在烤盤上，放入烤箱烤10分鐘，取出放涼。

❹ 將西洋梨底部放入盤中，鋪上少許西洋菜，放上2顆碧根果，淋上少許油醋醬。

❺ 再蓋上一層梨，重複至疊完。

❻ 將剩餘的碧根果撒在盤中，從西洋梨上方淋少許油醋醬即可。

熱量

292大卡/人份

材料（2人份）

西洋菜嫩葉	50克
西洋梨	2顆
碧根果	50克
基礎油醋醬	1湯匙

美味關鍵

＊市售西洋菜分為煲湯用和沙拉用兩種，請選擇沙拉用西洋菜。

＊如果不使用西洋菜，可用芝麻菜代替。

＊西洋梨質地柔軟和近乎無核，如果使用其他品種的梨，須將核取出。

沙拉醬索引　　　　017頁

基礎油醋醬

外焦香內柔軟

香草烤馬鈴薯扁豆沙拉

特色

用香草烤好的小馬鈴薯，外焦香內柔軟，散發著香草的迷人香氣，淋上簡單的醬汁就很好吃。馬鈴薯富含維生素C、胡蘿蔔素、維生素B群、維生素E等，對人體健康十分有益。

做法

❶ 將小扁豆提前一夜泡發。

❷ 在小鍋中放入小扁豆、清水、少許鹽大火煮開，小火煮熟。

❸ 將煮好的小扁豆撈出瀝水。

❹ 小馬鈴薯洗淨、去皮，切成塊。

❺ 將小馬鈴薯放入碗中，加入混合乾香草、橄欖油、少許鹽和黑胡椒碎拌勻。

❻ 烤箱預熱160℃，將小馬鈴薯平鋪在烤盤上，送入烤箱烤熟，待表面金黃取出。

❼ 將小馬鈴薯放入盤中，撒上小扁豆，淋上基礎油醋醬即可。

熱量

205大卡/人份

材料（2人份）

小馬鈴薯	200克
小扁豆	30克
混合乾香草	2克
橄欖油	2茶匙
黑胡椒碎	少許
鹽	少許
基礎油醋醬	1湯匙

美味關鍵

＊小扁豆又叫兵豆，為西餐中很常見的食材。泡發後較容易煮熟，注意用小火煮透，可保持形狀。

＊根據喜好選擇混合乾香草品種，或用新鮮百里香代替。

沙拉醬索引　　　　017頁

基礎油醋醬

酸酸甜微微辣
泰式辣味芒果酪梨沙拉

特色

酸甜微辣的調味，清爽開胃，撒上香脆的花生碎增添亮點。芒果中維生素C的含量超過橘子、草莓，常吃芒果可以增強人體免疫力。芒果中還富含維生素A，對眼睛有好處。

做法

❶ 芒果去皮去核，切成厚片。

❷ 酪梨去皮去核，切成厚片。

❸ 將小紅辣椒去籽，切碎。

❹ 在小碗中放入甜辣醬、油醋醬和小紅辣椒碎，混合成沙拉醬。

❺ 將綜合生菜裝入碗底，擺上芒果片和酪梨片。

❻ 撒上香菜碎和烤花生碎，淋上步驟4中調好的沙拉醬即可。

熱量

303大卡/人份

材料（2人份）

芒果	1顆
酪梨	1顆
綜合生菜	100克
烤花生碎	1湯匙
香菜碎	1茶匙
小紅辣椒	1顆
甜辣醬	1茶匙
柑橘油醋醬	1湯匙

美味關鍵

＊烤花生碎做法：將去皮花生放入160℃的烤箱中烘烤8分鐘左右，取出放涼，切碎即可。

＊請選擇熟度不太高的芒果，摸起來稍硬、吃起來微酸的，最適合製作這道沙拉。

沙拉醬索引　　　019頁

柑橘油醋醬

經典地中海風味
托斯卡尼麵包沙拉

特色

這道沙拉的亮點在於麵包飽吸了蔬菜和調味的汁液，柔軟多汁，是一道典型的地中海沙拉。番茄富含胡蘿蔔素、維生素C和維生素B群，具有抗氧化、防癌抗癌等食療功效。

做法

❶ 黃甜椒放在火上燒至表皮焦黑（燒得不均勻很難撕下皮），用清水洗乾淨。

❷ 將處理好的黃甜椒去皮，切成粗條。

❸ 番茄去皮，切成塊，用手稍稍擠出汁（汁留用）。

❹ 將法棍麵包切成適口的塊狀。

❺ 將麵包塊、番茄以及番茄汁、羅勒葉、甜椒條、橄欖、酸豆、蒜末、少許黑胡椒碎、油醋汁一同放入大碗中混合均勻，覆上保鮮膜，冷藏1小時使風味充分融合。

❻ 待麵包充分吸收湯汁，即可裝盤。

熱量

340大卡/人份

材料（2人份）

短法棍麵包	1顆
黃甜椒	1顆
番茄	8顆
橄欖	8粒
酸豆	8粒
羅勒葉	5克
蒜末	1茶匙
黑胡椒碎	少許
巴薩米克橄欖油醋醬	2湯匙

美味關鍵

＊沒有黃甜椒可用紅甜椒或青甜椒代替。

＊用拖鞋麵包等歐式麵包代替法棍麵包也可以，但請不要使用質地過於柔軟的吐司。

＊酸豆，是一種地中海地區常見的沙拉配料，酸鹹而鮮，沒有可省略。

蛋奶香濃的義麵

蘆筍培根義麵沙拉

特色

培根提香、蘆筍增鮮，再放上一顆柔嫩的水波蛋，這是一道可以做為主菜的沙拉。蘆筍富含維生素B群、維生素A以及葉酸，具有調節機體代謝，消除疲勞等食療功效。

做法

❶ 將蘆筍用削皮刀削去尾部的老皮，斜切成0.2公分厚的片狀。

❷ 煮滾一鍋水，加入5克海鹽，放入蘆筍燙熟，撈出瀝乾水分。

❸ 將水重新煮滾，加入白醋。關火，用筷子在滾水中間攪出一顆漩渦。

❹ 雞蛋打入小碗中，將裝雞蛋的小碗貼著水面，把雞蛋倒入漩渦處。

❺ 將雞蛋靜置在水中3分鐘，使其定形。開小火，煮約1.5分鐘，待蛋白凝固，用漏勺撈出，小心整理掉表面絮狀蛋白。

❻ 培根切成小塊，用平底鍋煎香脆。

❼ 在鍋中放入1升水煮滾，加入10克海鹽，放入細扁麵，根據包裝袋上的時間煮熟，取出，瀝乾水分，趁熱拌上1茶匙橄欖油。

❽ 將麵條、蘆筍、培根碎、蛋黃醬、檸檬汁、少許黑胡椒碎和海鹽拌勻。裝盤，放上水波蛋即可。

熱量

386大卡/人份

材料（2人份）

蘆筍	6根
培根	2片
細扁麵	100克
雞蛋	2顆
蛋黃醬	30克
檸檬汁	1茶匙
黑胡椒碎	少許
白醋	50毫升
海鹽	適量
橄欖油	1茶匙

美味關鍵

＊可以選擇其他種類的義大利麵，再根據包裝袋上的時間煮熟即可。

＊如果並非立刻食用，請在義麵煮好後過一次冰水，以保存口感（需要適當延長煮麵時間）。

＊也可以用荷蘭豆或秋葵代替蘆筍。

雞胸肉也多汁
羅勒番茄雞肉沙拉

特色

煎好的雞胸肉用番茄、羅勒煮過，充分吸收番茄的汁液，不乾不柴，冷吃熱食皆可，最適合搭配麵包。人體的消化腺分泌和腸胃的蠕動都離不開維生素B群的作用，而豆角富含維生素B群，可增加食慾，促進消化。

做法

❶ 將雞胸肉切成適口的大塊，放入小碗中，加入幾片切碎的羅勒葉、檸檬汁、少許鹽和黑胡椒碎，充分拌勻，靜置10分鐘。

❷ 番茄洗淨，切成大塊。

❸ 豆角挑洗乾淨。燒一鍋開水，撒入1茶匙鹽，放入豆角汆燙熟，撈出瀝水。

❹ 取一個平底鍋燒熱，加入橄欖油，放入雞胸肉煎得表面上色取出。

❺ 放入切好的番茄塊，翻炒至略微軟爛出汁。

❻ 加入煎好的雞胸肉塊和少許清水（保持鍋底有少許湯汁），用鹽和黑胡椒碎調味。

❼ 加入羅勒葉，離火，稍微放涼。

❽ 將豆角排在大盤中，淋上煮好的番茄羅勒雞胸，旁邊搭配合生菜即可。

熱量

210大卡/人份

材料（2人份）

雞胸	1塊（約150克）
番茄	1顆（大）
新鮮羅勒葉	20克
豆角	150克
綜合生菜	50克
橄欖油	1湯匙
檸檬汁	1茶匙
鹽	適量
黑胡椒碎	少許

美味關鍵

＊雞胸肉可以用雞里脊肉或去皮雞腿肉代替。

＊豆角選用荷蘭豆、甜豆、四季豆皆可，以法式綠豆角為佳。

檸檬草風味蝦串生菜沙拉

特色

用檸檬草將蝦穿起來，不僅形式有趣，檸檬草的香氣還能融入蝦肉中，淡雅卻回味悠長。櫻桃蘿蔔含較高的水分，維生素C含量是番茄的3～4倍，有增進食慾、助消化的作用。

做法

❶ 將蝦去頭去殼，留尾巴，挑出蝦線，反覆洗淨。

❷ 將檸檬草根部最嫩的心取下，切成極細的末。

❸ 將蝦放入小碗中，用1/2茶匙檸檬草末、少許鹽和黑胡椒碎醃10分鐘。

❹ 取檸檬草頂部堅硬的部分，切成10公分的長段，剝去表面多餘的葉片，頂部切尖，將蝦穿在檸檬草上，每串3隻。

❺ 櫻桃蘿蔔和小黃瓜分別洗淨切片。青檸檬切成半月形。

❻ 在油醋醬中加入剩下的檸檬草末，製成檸檬草風味油醋醬。

❼ 平底鍋燒熱，淋入少許植物油，放入蝦串煎熟，取出放入大盤，搭配上檸檬角。

❽ 將綜合生菜擺在盤另一側，放上櫻桃蘿蔔和水果小黃瓜，淋上檸檬草風味油醋醬即可。

熱量

160大卡/人份

材料（2人份）

蝦	12隻
檸檬草	4根
綜合生菜	100克
櫻桃蘿蔔	2顆
水果小黃瓜	1根
青檸檬	1顆
植物油	少許
基礎油醋醬	1湯匙
鹽	少許
黑胡椒碎	少許

美味關鍵

＊青檸檬可以用青金橘代替，香氣更濃郁。

＊也可以用帶殼帶頭的蝦，用兩根檸檬草枝穿好。

＊在煎蝦時可以根據喜好淋上少許魚露。

沙拉醬索引　　　　017頁

基礎油醋醬

5
CHAPTER

高纖
助排毒

特色

希臘沙拉是地中海料理的代表食物。小黃瓜、番茄、橄欖、菲達乳酪是很經典的沙拉搭配，還有以橄欖油為主的調味，非常適合剛開始接觸沙拉和地中海料理的朋友。白腰豆中的膳食纖維吸水性強，有通便、降血脂和降血糖的作用。

熱量

321大卡/人份

材料（2人份）

白腰豆罐頭	100克
水果小黃瓜	2根
菲達乳酪	100克
櫻桃番茄、黑橄欖	各8顆
洋蔥碎	1茶匙
特級初榨橄欖油	1湯匙
檸檬汁	1茶匙
奧勒岡葉	1克
鹽、黑胡椒碎	各少許

沙拉入門書
白豆希臘沙拉

做法

❶ 將水果小黃瓜洗淨，一切成四，再切成小塊；櫻桃番茄洗淨，一切成四。菲達乳酪切成1公分的塊狀。

❷ 將橄欖油、檸檬汁、奧勒岡葉、少許鹽和黑胡椒碎混合均勻成沙拉汁。

❸ 將白腰豆罐頭打開，瀝水。

❹ 將小黃瓜粒、白腰豆、櫻桃番茄粒、洋蔥碎、菲達乳酪塊、黑橄欖放入碗中，淋入沙拉醬拌勻即可。

美味關鍵

也可以使用紅腰豆或紅豆，若不使用罐頭，也可以自己泡發，放在淡鹽水中煮熟即可。

酥酥脆脆的烤蔬菜片

脆烤羽衣甘藍
南瓜藜麥沙拉

特色

烤過的羽衣甘藍如同海苔片，香香脆脆，既是好吃又健康的零食，也是極好的沙拉配料。羽衣甘藍富含膳食纖維，能讓你輕鬆產生飽足感，還有助於清腸排毒。

做法

❶ 藜麥洗乾淨，放入小碗，加入淹過藜麥的清水，上鍋蒸20分鐘。

❷ 將蒸好的藜麥趁熱加入1茶匙基礎油醋醬拌勻，放涼備用。

❸ 羽衣甘藍洗淨，放入沙拉甩水器中充分甩乾水分。

❹ 將烤箱預熱170℃，將羽衣甘藍葉片沿著莖部撕下，放在不沾烤盤上。

❺ 撒上部分鹽及黑胡椒碎，淋上1/2湯匙橄欖油，放入烤箱強風烘烤15～20分鐘。

❻ 栗子南瓜洗淨，連皮切成半月狀，平鋪在不沾烤盤上。

❼ 撒上剩餘鹽及黑胡椒碎，塗上剩餘橄欖油，烤箱預熱到170℃，入烤箱烤約15分鐘。

❽ 將烤好的南瓜和羽衣甘藍裝盤，撒上藜麥，淋上剩餘的基礎油醋醬即可。

熱量

184大卡/人份

材料（2人份）

羽衣甘藍	100克
栗子南瓜	1顆（約200克）
藜麥	10克
橄欖油	1大湯匙
鹽	1茶匙
黑胡椒碎	1茶匙
基礎油醋醬	1湯匙

美味關鍵

＊如果沒有沙拉用水器，可以將羽衣甘藍葉片平鋪在廚房用紙上吸乾水分。

＊藜麥大致分為紅黑白三種，可以一種或多種混合使用，烹飪方式相同。

沙拉醬索引　　017頁

基礎油醋醬

酸酸甜甜的基礎沙拉

葡萄乾柳橙胡蘿蔔沙拉

特色

胡蘿蔔沙拉是經典的法式基礎沙拉之一，僅用基礎油醋醬醃漬柔軟，便能品嘗到胡蘿蔔的天然甜味。添加了柳橙和櫻桃乾兩種風味對比明顯的配料，清爽酸甜，是一道能大口享用的常備沙拉。胡蘿蔔富含膳食纖維，可加強腸道的蠕動，進而利膈寬腸，通便防癌。

做法

❶ 將半顆柳橙擠汁，半顆柳橙去皮取出橙肉瓣。

❷ 將葡萄乾粗略切碎，放入小碗中，用橙汁浸泡20分鐘。

❸ 胡蘿蔔削皮洗淨，切成絲。

❹ 將胡蘿蔔絲、橙肉、葡萄乾連同橙汁、基礎油醋醬一起放入大碗中拌勻。蓋上保鮮膜，放入冰箱冷藏半小時以上，至胡蘿蔔絲略微柔軟入味即可食用。

熱量

240大卡/人份

材料（2人份）

葡萄乾	30克
柳橙	2顆
胡蘿蔔	2根
基礎油醋醬	1湯匙

美味關鍵

＊沙拉冷藏半天以上會更入味，風味更佳。

＊這款沙拉可以做為常備菜或便當小配菜，冷藏可保存3天。

＊省略掉柳橙或葡萄乾也很好吃，如果要放置一段時候後再吃，柳橙肉可以在食用前再添加。

基礎油醋醬

沙拉醬索引　　017頁

培根水波蛋苦苣沙拉

特色

用煙燻的培根、柔軟的水波蛋，搭配淡淡苦味的苦苣，便是一道豐盛的早午餐沙拉。苦苣中的膳食纖維能有效活化腸道中的有益菌，創造腸道的健康生態。

做法

❶ 苦苣切成適口的大小，洗淨，用淨水浸泡15分鐘，再用沙拉甩水器甩乾水分。

❷ 用一個較深的小鍋燒一鍋水，煮滾後加入白醋。

❸ 將雞蛋打入小碗中。

❹ 關火，用筷子在滾水中間攪出一顆漩渦，將裝雞蛋的小碗貼著水面，把雞蛋倒入漩渦處。

❺ 將雞蛋靜置在水中3分鐘，使其定形。開小火，煮約1.5分鐘，至蛋白凝固。用漏勺撈出，小心整理掉表面絮狀蛋白。

❻ 平底鍋燒熱，放入培根煎得焦黃酥脆，整片取出瀝油。鍋內的培根油留用。

❼ 取一個深碗，在碗底倒入巴薩米克橄欖油醋醬，擺入苦苣，鋪上水波蛋。

❽ 淋上少許培根油提香，將整片培根置於碗口對角線上，吃時將培根敲碎即可。

熱量

223大卡/人份

材料（2人份）

苦苣	200克
雞蛋	2顆
培根	2片
巴薩米克橄欖油醋醬	1湯匙
白醋	1湯匙

美味關鍵

＊請選擇新鮮度高的雞蛋。

＊也可以將培根切成碎末，煸乾，最後撒在沙拉上。

沙拉醬索引　　　　018頁

巴薩米克橄欖油醋醬

用湯匙吃更過癮
玉米蠶豆培根沙拉

特色
這是一道有趣的「粒粒沙拉」，玉米的清甜在鹹香培根的襯托下格外分明，生菜切得碎碎的，或使用整片生菜，能帶來截然不同的風味。玉米含有木質素，木質可提高人體內的巨噬細胞的活力，有防癌抗癌的功效。

熱量
268大卡/人份

材料（2人份）

材料	分量
玉米罐頭	100克
去皮蠶豆	100克
培根	3片
綜合生菜	100克
鹽	少許
黑胡椒碎	少許
橄欖油	1茶匙
基礎油醋醬	1湯匙

做法

❶ 在小鍋中煮滾一鍋水，加少許鹽，放入蠶豆汆燙，撈出瀝水，放涼。

❷ 培根切成1公分的片狀。

❸ 平底鍋燒熱，加入橄欖油，放入切好的培根炒出油，顏色呈現少許焦黃。

❹ 加入蠶豆和玉米粒翻炒，用鹽和黑胡椒碎調味，稍微放涼。

❺ 將綜合生菜鋪在盤底。

❻ 放上培根玉米蠶豆，淋上基礎油醋醬即可。

美味關鍵

＊也可以將玉米、蠶豆和培根炒好後，趁熱用整片生菜（球生菜或其他大片生菜）包著吃。

＊可以使用巴薩米克橄欖油醋醬代替基礎油醋醬。

特色

煮得半熟的溏心蛋，蛋白凝固，蛋黃流動，柔軟可口，蛋黃和醬汁的混合，讓口味更加濃醇。蘆筍中的膳食纖維柔軟可口，能增進食慾，幫助消化。

熱量

253大卡/人份

材料（2人份）

蘆筍	12根
小馬鈴薯	6顆
雞蛋	2顆
蛋黃醬	1湯匙
白味噌	1茶匙
黑胡椒碎	少許
鹽	少許

流黃讓味道更濃醇

溏心蛋蘆筍馬鈴薯沙拉

做法

❶ 將小馬鈴薯洗淨，連皮放入淡鹽水中煮熟。撈出冷卻，切成小塊。

❷ 小鍋裡煮滾水，放入雞蛋煮5分鐘。撈出過冷水，剝殼，每顆切成8塊。

❸ 蘆筍削去根部纖維。小鍋裡煮滾水，加入少許鹽，放入蘆筍汆燙，撈出冷卻，切成2公分長的小段。

美味關鍵

＊為了保證受熱程度恰到好處，雞蛋需提前從冰箱冷藏室裡拿出放至室溫。

＊做好的味噌蛋黃醬可冷藏保存3天。

❹ 將蛋黃醬、白味噌、少許黑胡椒碎混合均勻，做成味噌蛋黃醬。

❺ 將小馬鈴薯、溏心蛋、蘆筍、味噌蛋黃醬放入大碗中混合均勻，裝盤即可。

椰奶般濃郁
咖哩烤菜花沙拉

特色

用咖哩調味的菜花，烤過之後更能體現濃郁如同椰奶般的風味。菜花膳食纖維豐富、熱量低，飽足感強，也是類黃酮含量極高的蔬菜之一，生物活性強，是非常好的血管清理劑。

熱量

117大卡/人份

材料（2人份）

菜花	1棵（約400克）
咖哩粉	1匙
椰漿	2湯匙
蔓越莓乾	10克
柚子肉	30克
鹽	1茶匙
黑胡椒碎	少許

做法

❶ 將整棵菜花洗乾淨，切除老葉和不可食用的部分。

❷ 將咖哩粉、鹽、黑胡椒碎混合，用手均勻地塗抹在菜花表面，用力按摩，能更好地入味。

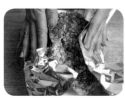

❸ 用錫箔紙將整棵菜花嚴密地包裹起來。

❹ 烤箱預熱160℃，將菜花烤15分鐘，取出剝掉錫箔紙，再烤5分鐘至表面上色，取出，略放涼。

❺ 將菜花中心部位切成厚2公分的片狀；取約100克的菜花邊角料，加上椰漿攪打成菜花泥。

❻ 將1湯匙菜花泥塗在盤底，擺上菜花片，以蔓越莓乾、柚子肉、剩餘菜花邊角碎和少許菜花泥裝飾。

美味關鍵

＊柚子肉可以用酸甜的新西蘭檸檬肉代替，用量減半。

＊可以將菜花掰成小朵後料理，更加簡單快捷。

特色

華爾道夫沙拉最早誕生於紐約的華爾道夫酒店，因而得名。核桃＋蘋果＋西芹的經典搭配，是美國沙拉的代表。和以油醋醬為主的輕盈歐式沙拉不同，華爾道夫沙拉大量使用蛋黃醬，將食材全部包裹在醬汁之中才是道地的做法。由於使用了香氣濃郁的山核桃，建議使用清脆微酸的青蘋果來平衡風味。

熱量

325大卡/人份

材料 (2人份)

雞胸肉	2小塊
山核桃	30克
西芹	3根
青蘋果	2顆
優格美乃滋醬	1湯匙
黑胡椒碎、鹽	各少許
橄欖油	1茶匙

美國沙拉的代表選手

山核桃雞肉華爾道夫沙拉

做法

❶ 雞胸肉撒上鹽和黑胡椒碎醃10分鐘。

❷ 平底鍋放橄欖油燒熱，煎熟雞胸肉。放涼後斜切成0.2公分的片。

❸ 將西芹洗淨削皮，斜切成2毫米的片。青蘋果洗淨，一切成四，去核，斜切成0.2公分的片。

❹ 將雞肉、西芹、青蘋果、優格美乃滋醬放入碗中拌勻，裝盤。撒上山核桃、少許黑胡椒碎即可。

美味關鍵

＊山核桃可以用核桃、碧根果代替，生堅果請事先烘烤。

＊雞胸肉熱量低，可以用去皮雞腿肉代替，切成適口的塊即可。

穀物香，有嚼勁
大麥仁綜合沙拉

特色

大麥仁是一種現在備受矚目的穀物，口感有嚼勁，是很好的主食穀物。大麥仁中的β-葡聚糖是所有穀物裡最豐富的，β-葡聚糖是一種可溶性膳食纖維，能提高免疫力，降低餐後血糖。

做法

❶ 將大麥仁洗淨，放入小鍋中，加入300毫升清水，大火煮開，中火煮20分鐘至熟透，撈出瀝乾備用。

❷ 裙帶菜放入冷水中泡發；蘑菇洗淨，一切成四塊。

❸ 小平底鍋內加入部分橄欖油，放入蘑菇炒出水分，接著放入裙帶菜略微翻炒，加入部分鹽和黑胡椒碎調味。

❹ 番茄洗淨，切成小塊。

❺ 將大麥仁、番茄塊、玉米粒、炒好的裙帶菜和蘑菇放入碗中，加入穀物醋、剩餘鹽和黑胡椒碎攪拌均勻，分次淋入剩餘橄欖油即可。

熱量

206大卡/人份

材料（2人份）

大麥仁	60克
番茄	1顆
乾裙帶菜	2克
熟玉米粒	30克
蘑菇	6朵
橄欖油	1湯匙
穀物醋	1茶匙
黑胡椒碎	少許
鹽	少許

美味關鍵

＊用綜合海藻代替裙帶菜風味更佳，可選擇市售沙拉用綜合海藻，或自行選擇一種或幾種適合沙拉用的海藻，如海葡萄、羊棲菜、綠藻、海石花等。

＊大麥仁也可以用薏仁代替。

蘿蔔大集合
味噌蜂蜜蘿蔔沙拉

特色

以味噌為基底的經典日式沙拉醬，鹹鮮回甜，能柔和生蘿蔔的芥辣味道，適合做為配餐沙拉。蘿蔔富含膳食纖維，可促進腸胃蠕動，消除便祕，達到排毒的作用。

做法

❶ 將白蘿蔔、胡蘿蔔、紅心蘿蔔洗淨、去皮，切成較粗的條狀。

❷ 水果小黃瓜洗淨，去心，切成較粗的條狀。

❸ 將切好的各式蘿蔔絲和小黃瓜絲放入淨水中浸泡15分鐘，取出，用沙拉甩水器甩乾水分。

❹ 將白味噌、芥末籽醬、蛋黃醬、蜂蜜在大碗中混合均勻，調成沙拉醬。

❺ 將沙拉醬放入步驟3中處理好的蔬菜，混合均勻。

❻ 裝盤，撒上熟白芝麻即可。

熱量

125大卡/人份

材料（2人份）

胡蘿蔔	1根
紅心蘿蔔	1/2顆
白蘿蔔	100克
水果小黃瓜	2根
白味噌	20克
芥末籽醬	1/2茶匙
蛋黃醬	10克
蜂蜜	1茶匙
熟白芝麻	1茶匙

美味關鍵

＊也可以選擇其他脆口的蔬菜。

＊立即食用能保持清脆的口感，也可以冷藏醃漬做為一道小菜，冷藏可保存3天。

沒有麵包更好吃

BLAT沙拉

特色

BLT是英文培根、生菜、番茄的首字母縮寫，也是美國最具代表性的三明治。加入超人氣食材酪梨，便成了BLAT。捨棄了厚厚的吐司，大量使用生菜，令這道沙拉更加營養均衡、分量感十足。

熱量

252大卡/人份

材料 (2人份)

材料	分量
球生菜	200克
番茄	2顆
酪梨	1顆
培根	2片
法式沙拉醬	1湯匙

做法

❶ 將球生菜洗淨，撕成大片，放入淨水中浸泡15分鐘，使生菜恢復清脆的口感。取出用沙拉甩水器甩乾水分。

❷ 將酪梨和番茄分別切成半月狀備用。

❸ 平底鍋燒熱，放入培根煎得焦黃酥脆，取出瀝油，粗略地敲碎。

❹ 將球生菜片放入碗底，擺上番茄和酪梨，撒上培根碎，食用前淋上法式沙拉醬即可。

美味關鍵

＊球生菜遇上醬汁就很容易軟塌而難以入口，沙拉醬一定要在食用前再加入。

＊如果不使用酪梨，則是經典的BLT沙拉。

＊如果不喜歡法式沙拉醬的稠厚感，可以選擇其他較為清爽的油醋醬。

特色

選用鮮嫩的新鮮豌豆、蠶豆和蘆筍，汁水豐盈，用新鮮薄荷來強調清爽感，就是一款顏色青翠、口感清涼的初夏季節沙拉。豌豆和蠶豆富含膳食纖維，能降低血脂和膽固醇。

熱量

152大卡/人份

材料（2人份）

豌豆	100克
去皮蠶豆	100克
蘆筍	6根
薄荷碎	1湯匙
柑橘油醋醬	1湯匙
鹽	少許

清涼的初夏感

薄荷蘆筍豌豆蠶豆沙拉

做法

❶ 將蘆筍削去老皮，洗淨，切成1公分的塊狀。

❷ 煮滾一鍋水，加入少許鹽，放入豌豆、去皮蠶豆、蘆筍燙熟，取出瀝乾。

美味關鍵

＊可以用秋葵代替蘆筍，或兩種混合使用。

＊可以添加少許玉米粒，新鮮的或罐頭裝的均可。

❸ 將薄荷碎和柑橘油醋醬混合均勻成沙拉醬。

❹ 將豌豆、蘆筍粒、去皮蠶豆和沙拉醬混合均勻，裝盤即可。

綠蔬薏仁沙拉

特色

薏仁粒粒分明的口感，浸潤在柑橘風味的沙拉醬中，搭配上各式綠色蔬菜，清爽低熱量。用薏仁代替主食，熱量更低，膳食纖維更豐富，飽足感更強。

做法

❶ 將薏仁提前一天浸泡，洗淨。

❷ 用電鍋將薏仁煮熟（需要多加一些水）。

❸ 蘆筍削去老皮，洗淨，切成段。

❹ 花椰菜洗淨，切成小朵；荷蘭豆挑洗乾淨。

❺ 煮滾一鍋水，加入少許鹽，放入蘆筍、荷蘭豆、花椰菜燙熟，取出瀝水。

❻ 在碗中放入薏仁打底，擺上蘆筍、花椰菜、荷蘭豆，淋上柑橘油醋醬可。

熱量

151大卡/人份

材料（2人份）

薏仁	50克
荷蘭豆	6顆
蘆筍	3根
花椰菜	100克
柑橘油醋醬	1湯匙
鹽	少許

美味關鍵

＊可以用大麥、糙米、燕麥仁代替薏仁。

＊薏仁性寒涼，可以使用炒過的薏仁，且炒過的薏仁除濕的效果更好。

沙拉醬索引　　　　019頁

柑橘油醋醬

撩人羅勒香

青醬蝦仁鷹嘴豆沙拉

特色

以新鮮羅勒、橄欖油、松子等混合而成的青醬是最經典的地中海醬汁，清新濃郁，非常適合用在沙拉中提升香味。鷹嘴豆富含蛋白質、膳食纖維，是西餐中常見的豆類。

做法

❶ 將蝦仁洗乾淨，用鹽和黑胡椒碎醃5分鐘。

❷ 平底鍋燒熱，加入少許橄欖油，放入蝦仁煎熟。

❸ 水果小黃瓜洗淨，切成塊；櫻桃番茄洗淨，一切為二。

❹ 在大碗中將青醬和基礎油醋汁混合。

❺ 加入煎好的蝦仁、水果小黃瓜、櫻桃番茄、鷹嘴豆拌勻，裝盤即可。

熱量

216大卡/人份

材料（2人份）

蝦仁	12隻
鷹嘴豆罐頭	100克
水果小黃瓜	1根
櫻桃番茄	6顆
青醬	2茶匙
基礎油醋醬	2茶匙
鹽	少許
黑胡椒碎	少許
橄欖油	少許

美味關鍵

＊可以將蝦帶殼煎熟，直接搭配食用，適合阿根廷紅蝦、雲南黑虎蝦、對蝦等這類較大的海蝦。

＊也可以使用玉米罐頭、白鳳豆罐頭等代替鷹嘴豆罐頭。

青醬

沙拉醬索引　　　　　026頁

每一口都是滿滿的纖維
烤孢子甘藍番薯沙拉

特色

番薯富含膳食纖維、鉀、胡蘿蔔素。烤得柔軟的孢子甘藍和番薯，淋上油醋醬，最能體現其甜潤軟糯。

做法

❶ 將孢子甘藍洗淨，一切為二。

❷ 番薯去皮、洗淨，切成1公分的塊狀。

❸ 將烤箱預熱160℃，將孢子甘藍和番薯塊分別放在烤盤上，撒上少許鹽、黑胡椒碎和橄欖油。

❹ 送入烤箱烤熟，至表面上色，取出。

❺ 在盤中放入綜合生菜打底，擺上烤好的番薯和孢子甘藍，淋上巴薩米克橄欖油醋醬即可。

熱量

252大卡/人份

材料（2人份）

孢子甘藍	12顆
番薯	1顆
綜合生菜	100克
巴薩米克橄欖油醋醬	
	1/2湯匙
橄欖油	1/2湯匙
鹽	少許
黑胡椒碎	少許

美味關鍵

＊可以添加適量堅果，南瓜子仁、松子仁等小型堅果尤為適合。

＊孢子甘藍若煮不熟非常難以咀嚼，請適量延長烹煮時間。

沙拉醬索引　　　018頁

巴薩米克橄欖油醋醬

中式穀物入沙拉
蘑菇薏仁沙拉

特色

傳統的中式穀物薏仁口感軟糯，養顏美白、健脾利濕。搭配菌菇和菠菜，膳食纖維非常豐富且熱量低。可以添加肉類、海鮮或雞蛋來平衡營養和風味，也可以做為代餐沙拉食用。

熱量

207大卡/人份

材料（2人份）

蘑菇	100克
鮮香菇	100克
薏仁	50克
菠菜	100克
橄欖油	1茶匙
巴薩米克橄欖油醋醬	1湯匙
鹽	少許
黑胡椒碎	少許

做法

❶ 將薏仁提前一天浸泡，洗淨。

❷ 用電鍋將薏仁煮熟（需要多加一些水）。

❸ 菠菜洗淨，切段，用微波爐加熱熟，稍微擠乾水分備用。

❺ 平底鍋燒熱，放入橄欖油，加入蘑菇片和香菇片翻炒，用鹽和黑胡椒碎調味。

❹ 香菇和蘑菇分別洗淨，切成厚片。

❻ 將菠菜、薏仁、蘑菇、香菇、巴薩米克橄欖油醋醬一同放入大碗中拌勻，裝盤即可。

美味關鍵

＊除了香菇和蘑菇，還可以使用鴻喜菇、白玉菇、平菇、雞腿菇等菌類，一起使用口感更豐富。

＊使用柑橘油醋醬代替巴薩米克橄欖油醋醬，風味更為清爽。

特色

雖然是一道肉食沙拉，但因為大量使用了清新的柑橘和西芹來搭配低脂的雞胸肉，完全不會覺得油膩。西芹膳食纖維豐富，具有降血脂的功效，是一種適合減肥時期食用的蔬菜。

熱量

202大卡/人份

材料 (2人份)

雞胸肉	1塊
柳橙	1顆
葡萄柚	1/2顆
西芹	2枝
柑橘油醋醬	1湯匙

低卡清爽沙拉

雞肉柑橘西芹沙拉

做法

❶ 小鍋中煮滾水，放入雞胸肉大火煮開，小火煮熟，取出放涼。

❷ 將雞胸肉隨意地撕成方便食用的粗條。

❸ 西芹挑洗淨，去皮，斜切成1公分的厚片。

❹ 柳橙和葡萄柚分別去皮，取果肉瓣。

❺ 將西芹、柳橙瓣、葡萄柚瓣、雞胸肉條放入盤中，淋上柑橘油醋醬即可。

美味關鍵

＊可以使用煎雞胸肉代替煮雞胸肉。做法：將雞胸肉切成粗條，用鹽和黑胡椒碎醃漬入味，用橄欖油煎熟即可。

＊如果不習慣生食西芹的味道，可以將西芹用滾水汆燙後使用。

香甜的蔬菜米粒

杏仁大麥烤菜花碎沙拉

特色

菜花碎烤好後帶有穀物般的口感和香甜的味道，常常被用來作
為米飯的替代品，熱量更低，營養價值卻很高。搭配富含膳食
纖維的大麥仁、杏仁，是一道理想的主食沙拉。

做法

❶ 大麥仁提前一天浸泡，洗淨。

❷ 用電飯煲將大麥仁煮熟（需要多加一些水）。

❸ 烤箱預熱160℃，杏仁鋪在烤盤上，放入烤箱烤10分鐘，取出。

❹ 菜花切成大塊，洗淨瀝乾，入烤箱烤熟，待表面上色，取出。

❺ 菜花略微切碎，鋪在盤底。

❻ 杏仁粗略切碎，撒在盤中。

❼ 撒上大麥仁，淋上芝麻沙拉汁即可。

熱量

140大卡/人份

材料（2人份）

菜花	1/2朵
大麥仁	20克
杏仁	20克
芝麻沙拉醬	1湯匙

美味關鍵

＊可以用花椰菜代替菜花，或兩種一起使用。

＊大麥仁也可以用糙米代替。

＊用杏仁片代替杏仁，香氣更突出，杏仁片以160℃烘烤5分鐘至顏色略微焦黃即可。

沙拉醬索引　　　　　021頁

芝麻沙拉醬

開心果孢子甘藍沙拉

特色

一口一顆的孢子甘藍是甘藍家族高顏值的小可愛，也是西餐裡重要的盤飾蔬菜。徹底煮透的孢子甘藍細膩柔軟，用培根和開心果仁增添香味，是一道富含膳食纖維、飽足感強，可以直接當主菜的沙拉。

做法

❶ 孢子甘藍洗淨，一切為二。

❷ 小鍋中煮滾水，加入少許鹽，放入孢子甘藍徹底煮熟，撈出瀝乾水分。

❸ 培根切碎。

❹ 將培根放入平底鍋中煎乾脆。

❺ 烤箱預熱160℃，放入開心果仁烤5分鐘，取出。

❻ 碗中放入綜合生菜打底，撒上孢子甘藍、開心果仁、培根碎，淋上基礎油醋醬即可。

熱量

264大卡/人份

材料（2人份）

孢子甘藍	200克
開心果仁	50克
綜合生菜	50克
培根	1片
基礎油醋醬	1湯匙
鹽	少許

美味關鍵

＊如果不使用培根，可以用西式香腸代替。

＊開心果可以用其他堅果代替。

＊也可以使用巴薩米克橄欖油醋醬代替基礎油醋汁。

沙拉醬索引　　　017頁

基礎油醋醬

享受美味不挨餓，
打造易瘦體質！